自

U0677480

你我皆是六命人

高媛◎著

三环出版社
SANHUAN PUBLISHING HOUSE

图书在版编目（CIP）数据

你我皆是天命人 / 高媛著 . -- 海口 ：三环出版社
（海南）有限公司，2025. 5. -- ISBN 978-7-80773-639-
4

Ⅰ. B848.4-49

中国国家版本馆 CIP 数据核字第 2025YW7760 号

你我皆是天命人

NIWO JIE SHI TIANMINGREN

著　　者	高　媛
责任编辑	韩孜依
责任校对	崔洋钏
责任印制	万　明
出版发行	三环出版社（海口市金盘开发区建设三横路 2 号）
	邮　编 570216　邮　箱 sanhuanbook@163.com
出 版 人	张秋林
印刷装订	三河市金兆印刷装订有限公司
书　　号	ISBN 978-7-80773-639-4
印　　张	10
字　　数	150 千字
版　　次	2025 年 5 月第 1 版
印　　次	2025 年 5 月第 1 次印刷
开　　本	700 mm × 1 000 mm　1/16
定　　价	59.80 元

目录 CONTENTS

石猴初啼，

职场启航：价值取决于内在

新人第一步：做好心态管理

❧

大部分人在初入职场的时候，都是迷茫困惑的，难以清晰地预见未来的发展轨迹，不知自己将踏上怎样的征程，又会邂逅何种人生际遇。有的人会在工作中逐渐解决自己的困惑，但有的人会沉浸于这些困惑，进而影响自己的工作。

那么，如何迅速地进入"职场人"的角色？我们首先要做的就是"心态管理"——勇敢迎接职场，不让焦虑心态影响自己的成长步伐。

在《西游记》里，美猴王享乐之余，还能对未来有所担忧，这样居安思危的心态也决定了他必将成为一个不俗之人。我们来看看他是怎么做的：

> 美猴王享乐天真，何期有三五百载。一日，与群猴喜宴之间，忽然忧恼，堕下泪来。众猴慌忙罗拜道："大王何为烦恼？"猴王道："我虽在欢喜之时，却有一点儿远虑，故此烦恼。"众猴又笑道："大王好不知足！我等日日欢会，在仙山福地，古洞神洲，不伏麒麟辖，不伏凤凰管①，又不伏人间王位所拘束，自由自在，乃无量之福，为何远虑而忧也？"猴王道："今日虽不归人王法律，不惧禽兽威服，将来年老血衰，暗中有阎王老子管着，一旦身亡，可不枉生世界之中，不得久注天人之内？"

① 不伏麒麟辖，不伏凤凰管：不接受麒麟的管辖，不听从凤凰的管理。这里的意思是说花果山的猴子们生活得自由自在，在古代传说中，麒麟是百兽之长，凤凰是飞禽之首，它们分别统领走兽和飞禽。

众猴闻此言，一个个掩面悲啼，俱以无常①为虑。

只见那班部②中，忽跳出一个通背猿猴，厉声高叫道："大王若是这般远虑，真所谓道心开发也！如今五虫③之内，惟有三等名色，不伏阎王老子所管。"猴王道："你知那三等人？"猿猴道："乃是佛与仙与神圣三者，躲过轮回，不生不灭，与天地山川齐寿。"猴王道："此三者居于何所？"猿猴道："他只在阎浮世界④之中，古洞仙山之内。"猴王闻之，满心欢喜，道："我明日就辞汝等下山，云游海角，远涉天涯，务必访此三者，学一个不老长生，常躲过阎君之难。"噫！这句话，顿教跳出轮回网，致使齐天大圣成。众猴鼓掌称扬，都道："善哉！善哉！我等明日越岭登山，广寻些果品，大设筵宴送大王也。"

…………

次日，美猴王早起，教："小的们，替我折些枯松，编作筏子，取个竹竿作篙，收拾些果品之类，我将去也。"果独自登筏，尽力撑开，飘飘荡荡，径向大海波中，趁天风，来渡南赡部洲地界。这一去，正是那：

天产仙猴道行隆，离山驾筏趁天风。

飘洋过海寻仙道，立志潜修建大功。

有分有缘休俗愿，无忧无虑会元龙⑤。

料应必遇知音者，说破源流万法通。

也是他运至时来，自登木筏之后，连日东南风紧，将他送到西北岸

---

① 无常：佛教用语，该观念认为世间的一切事物，都处在生、灭、变化之中，迁流不停，顷刻不止。这里指死亡。

② 班部：犹班列。指朝班的行列。

③ 五虫：古人对动物的一种分类方式，将其归为五大类。其中，人类被称为倮虫，兽类为毛虫，禽类叫羽虫，鱼类叫鳞虫，昆虫类叫介虫。

④ 阎浮世界：此术语源自佛家用语，阎浮为"赡部"的另一种译法，原本特指南赡部洲。在此语境中，它泛指我们所居住的人类世界。

⑤ 元龙：在道教中，"元龙"实际上是对"元阳"的另一种称谓。它常被用来指代得道或修成正果的状态，是道教修行者所追求的最高境界之一。

前，乃是南赡部洲地界。持篙试水，偶得浅水，弃了筏子，跳上岸来，只见海边上有人捕鱼、打雁、挖蛤、淘盐。他走近前，弄个把戏，妆个䙆虎①，吓得那些人丢筐弃网，四散奔跑。将那跑不动的拿住一个，剥了他的衣裳，也学人穿在身上，摇摇摆摆，穿州过府，在于市廛②中，学人礼，学人话。朝餐夜宿，一心里访问佛仙神圣之道，觅个长生不老之方。见世人都是为名为利之徒，更无一个为身命者。正是那：

争名夺利几时休？早起迟眠不自由！

骑着驴骡思骏马，官居宰相望王侯。

只愁衣食耽劳碌，何怕阎君就取勾？

继子荫孙图富贵，更无一个肯回头！

扩展阅读：

孙悟空，一只天生的神猴，本可安享花果山里的逍遥自在，但他并未沉溺于眼前的安逸，而是对生命的无常与有限深感不甘，毅然决然地踏上了探寻长生不老的非凡征途。尽管从现代科技认知的角度来看，长生不老近乎神话，但在孙悟空的奇幻世界里，仅凭通背猿猴的一席话——神仙能够超脱生死，他便毫不犹豫地决定即刻启程，未曾因前路未知的挑战与艰险而有丝毫退缩，用实际行动去追求自己的梦想。

在当下这个信息爆炸、机会稍纵即逝的时代，我们每个人都有自己的工作追求。然而，现实的种种顾虑往往令我们踟蹰不前，对失败的恐惧、对挫折的担忧，让我们在机遇面前徘徊犹豫，最终错失可能改写命运的关键时刻。但正如孙悟空所展现的那样，只有勇敢地迈出第一步，才能有机会去实现自己的追求。

---

① 妆个䙆（qiǎ）虎：做出一种吓人怪样子。

② 市廛（chán）：指商店集中的地方。

"勇敢的人先抓住机遇"

青春无价，勇敢的人更倾向于主动抓住职场和生活中的机会。"难道要让二十岁的青春在等待中消逝？"面对梦寐以求的项目机会，勇敢的人会果断摒弃犹豫，主动请缨，毫不迟疑地展示自己的决心与能力。他们不愿墨守成规，而是勇于把握每一个属于自己的机会，以无畏的勇气书写出独具特色的人生篇章。

孙悟空曾在花果山与猴群共度了无忧无虑、逍遥自在的几百年，甚至险些在这份安逸中度过余生。在职场常规的框架下，职业生涯常被规划为一条既定"轨迹"：实习、转正、晋升、管理岗……这些诚然是迈向职业成功的路径，但作为"信息时代先锋"的年轻人，早已通过信息洞察了行业的无限可能。相比墨守成规，他们更倾向于主动出击，探索适合自己的职场道路。勇敢迈出第一步，追寻内心的职业目标。

一鼓作气，打铁要趁热

在职场的征途上，把握时机至关重要。在追求职业发展的道路上，每一位奋斗者都如同孙悟空一般，需跨越重重难关，面对挑战不退缩。这不仅是对职业挑战的勇敢应对，更是对自我成长与卓越追求的生动写照。我们在工作中可能遇到过这样的情况：一件事情如果很快完成，其间没有任何中断，那么往往能够展现出更高的工作效率和执行力。通背猿猴刚刚提及神仙能够超脱生死，孙悟空便毫不犹豫地决定即刻启程。面对项目中的难题与挑战，我们不应有丝毫犹豫与拖延，正如孙悟空在得到一定的可行意见时，迅速调整状态，以最饱满的热情和最高的效率去应对。我们应当学会把握时机，在灵感涌现的那一刻立即行动，将创意转化为实际的成果。

"把握今朝，让梦想照进现实。"这不仅是对梦想的呼唤，也是现代职场人内心的共鸣。越来越多的人开始意识到，在每一次机遇面前，把握今朝，一鼓作气，趁热打铁，才能体验到职业道路上的不同风景。

放下拖延症，即刻行动

在《西游记》这部经典名著中，孙悟空踏上了一场波澜壮阔的旅程，其核心动力源自对长生不老之法的执着追求。从石猴初问世到美猴王学艺于菩提祖师门下，孙悟空的故事向我们讲述了一个立即行动的深刻道理。面对生命的有限性，他没有选择安逸或拖延，而是毅然决然地跨出了舒适区，漂洋过海，历经千辛万苦，只为求得那传说之中的长生之术。

在快节奏的现代生活中，工作时我们往往被琐事缠身，或是被内心的恐惧与惰性所困，将计划一再推迟，直至最后期限来临才匆忙完成任务，并为此焦虑。因此，我们真正的改变与成长，始于拒绝拖延的那一刻。

即刻行动，无论前路有多少未知与艰难。

"学生气"：怎么摆脱"学生气"

〜∽◉∽〜

　　带着未经世事雕琢的纯真，毫无保留地坦率示人，眼眸里好似一汪清泉，漾着纯粹的善意……这份"学生气"固然珍贵，但在职场中，或许会让人感觉不够成熟稳重，难以成为最可靠的伙伴，甚至可能让你遭遇挫折。初入职场的新手们，该如何褪去"学生气"，朝着"职场精英"的方向勇敢前行呢？

　　孙悟空初出茅庐，与师兄们在三星洞前嬉戏玩耍，那份纯真与无忧，是青春最绚烂的色彩，也是"学生气"的生动写照——对世界充满好奇，急于展示自己的所学，却往往忽略了谦逊与内敛。

　　让我们一同走进孙悟空的成长故事，从中汲取智慧，探讨如何在"学生气"与"职场范"之间，找到那条属于自己的蜕变之路：

　　一日，春归夏至，大众都在松树下会讲多时。大众道："悟空，你是那世修来的缘法？前日老师父附耳低言，传与你的躲三灾①变化之法，可都会么？"悟空笑道："不瞒诸兄长说，一则是师父传授，二来也是我昼夜殷勤，那几般儿都会了。"大众道："趁此良时，你试演演，让我等看看。"悟空闻说，抖擞精神，卖弄手段道："众师兄请出个题目。要我

---

① 三灾：具体指的是雷灾、火灾和风灾。这三种灾难是修炼长生之道者在丹成之后所面临的极其凶险的考验。

变化甚么？"大众道："就变棵松树罢。"悟空捻着诀，念动咒语，摇身一变，就变做一棵松树。真个是：

郁郁含烟贯四时，凌云直上秀贞姿。

全无一点妖猴像，尽是经霜耐雪枝。

大众见了，鼓掌呵呵大笑，都道："好猴儿！好猴儿！"不觉的嚷闹，惊动了祖师。祖师急拽杖出门来问道："是何人在此喧哗？"大众闻呼，慌忙检束，整衣向前。悟空也现了本相，杂在丛中道："启上尊师，我等在此会讲，更无外姓喧哗。"祖师怒喝道："你等大呼大叫，全不像个修行的体段！修行的人，口开神气散，舌动是非生。如何在此嚷笑？"大众道："不敢瞒师父，适才孙悟空演变化耍子。教他变棵松树，果然是棵松树。弟子每俱称扬喝采，故高声惊冒尊师，望乞恕罪。"祖师道："你等起去。"叫："悟空，过来！我问你：弄甚么精神，变甚么松树？这个工夫，可好在人前卖弄？假如你见别人有，不要求他？别人见你有，必然求你。你若畏祸，却要传他；若不传他，必然加害：你之性命又不可保。"悟空叩头道："只望师父恕罪！"祖师道："我也不罪你，但只是你去罢。"悟空闻此言，满眼堕①泪道："师父，教我往那里去？"祖师道："你从那里来，便从那里去就是了。"悟空顿然醒悟道："我自东胜神洲傲来国花果山水帘洞来的。"祖师道："你快回去，全你性命；若在此间，断然不可！"悟空领罪，上告尊师："我也离家有二十年矣，虽是回顾旧日儿孙，但念师父厚恩未报，不敢去。"祖师道："那里甚么恩义？你只不惹祸不牵带我就罢了！"

悟空见没奈何，只得拜辞，与众相别。祖师道："你这去，定生不良。凭你怎么惹祸行凶，却不许说是我的徒弟。你说出半个字来，我就知之，

---

① 堕：落下；流淌。

把你这猢狲剥皮锉骨，将神魂贬在九幽①之处，教你万劫不得番身！"

悟空道："决不敢提起师父一字，只说是我自家会的便罢。"

扩展阅读：

孙悟空与师兄们在洞门前的嬉戏，显露出他那份纯真、稚气，这也就是我们常说的"学生气"。当师兄们提议要他变个戏法时，孙悟空心中不仅没有一丝犹豫，反而满是得意与喜悦。他自信地念动咒语，瞬间化作一棵参天大树，引来阵阵惊叹。这份喜悦与得意之情，与众多初学者在掌握新技能时所怀有的自豪感以及急切展示的心理状态极为相似。然而，孙悟空这般不加掩饰的得意之态，却落入了菩提祖师的眼中。菩提祖师眉头微皱，心中暗自不悦。在他看来，修行之人当戒骄戒躁，孙悟空这般急于展示、心浮气躁的模样，显然还未领悟修行的真谛。于是，菩提祖师心中便有了将孙悟空逐出师门的念头。

生活总爱以它独有的方式，给予我们成长的教训。孙悟空的得意之举，不经意间引起了他的授业恩师菩提祖师的注意。祖师的态度，是对"学生气"的一次直接警醒：在职场与人生的舞台上，真正的智慧体现为低调与沉稳的处事态度，而不是一时的炫耀和张扬行为。

保持独立思考，不要急于求成

变为一棵大树的戏法，不仅展现了孙悟空天真烂漫的一面，也微妙地映射出许多人在初获新知时急于展示、渴望得到认可的普遍心理。孙悟空得意地施展变化之术，化为一棵大树，这份得意与炫耀，虽出于童真无邪，却也触动了菩提祖师心中的忧虑。

在追求知识与技能的过程中，保持独立思考、深入探索的精神，相较于表面的炫耀行为，具有更为重要的意义。祖师要求孙悟空立下誓言，不得泄露师承，这

---

① 九幽：地底最深、最阴暗、最神秘的地方，是道教信仰中的最深层地狱，通常被看作是一种严厉的惩罚。

一举动更是寓意深远，它告诫我们：求学，不应是为了满足虚荣心或赢得外界的认可，而应让学得的学问和智慧成为内心修养与独立思考的基石。

同样地，在职场环境中，我们需维持清醒而独立的思考能力。然而，由于初入职场，我们会不自觉地陷入"他人吩咐便一味遵从"的境地，最终成为任人差遣的"便利贴"角色。因此，至关重要的一点是，我们必须为自己划定清晰的工作界限，时刻铭记自己职责的核心与追求的目标，确保自己始终清楚哪些是职责所在，哪些又是内心真正渴望完成的任务。

不要让个人情绪凌驾于职业精神之上

祖师目睹悟空如此轻易地被个人情绪所左右，违反师门规矩不禁大为震怒。他一气之下做出了将悟空逐出师门的严苛决定，全然不顾师徒多年的情分，以及悟空的苦苦哀求。对于悟空而言，他因一时的虚荣与炫耀心理，忘记了身为弟子应潜心修行、低调谦逊的本分，最终失去了在师门继续深造的宝贵机会。

学会管理个人的情绪，用现在的网络流行语言来说就是"保持情绪稳定"。这样做的一大好处是，你在他人眼里会树立起靠谱的形象。因为在他们看来，你变得"有规律可循"，让人倍感安心。久而久之，你在自己的领域内就会打造出良好的口碑，引发口碑效应。这样一来，由于你做事稳妥，更多人会被吸引前来找你合作，从而为你提供更多展示自己的机会。而这些实践经历，又会反过来增强你的专业技能和口碑，形成良性循环。

情绪管理是成长道路上至关重要的一课，尤其对于那些想要摆脱稚嫩学生气、走向成熟稳重的人来说，更是一道必须跨越的关卡。只有驾驭好个人情绪，才能心无旁骛地专注于自身使命与责任，在人生的道路上稳健前行，避免因一时冲动而陷入追悔莫及的境地。无论身处何种环境，保持职业精神，始终将工作置于个人情绪之上，是每一位职场人必备的品质。我们应当学会控制自己的情绪，不因一时的得意而忘形，也不因暂时的挫败而气馁。真正的职业精神，是在挑战与压力面前，依然能够保持冷静与专注，用专业与敬业的态度去应对每一个任务、每一次挑战。

如何看待"学生气"

若转换视角，职场中的"学生气"或许并非全然负面，它更像是成长过程中的必经之路，是从学生心态向职场心态转变的一个自然环节。这并非单纯意味着从低级到高级的"进化"，而是对新环境的一种"适应"。因此，核心问题不再是"消除某种习性"，而是"根据所处环境，灵活遵循相应的规则"。

在校园与职场之间，对于"过程"与"结果"的侧重之所以存在差异，根源在于前者侧重于"输入"的积累，而后者则着重于"输出"的成效。若两者错位，便可能导致动力不足。虽然常说"学习是为了更好地工作"，但校园培养的思维模式与职场所需往往并不完全一致。很多时候，人们排斥的或许并非"学生气"本身，而是其背后被贴上的"幼稚"标签。在"摒弃学生气即成长"的观念背后，隐含着从青涩到成熟的蜕变。

那种缺乏深入思考、仅凭一腔热情且没有周全规划的单纯紧张情绪，或许可以在短时间内激发我们的斗志，但终究难以应对职场中的各种考验。因此，我们总会经历磨炼，成为处变不惊的职场人士。然而，在"理想"的彼岸，我们依然能够找回那份追逐梦想的勇气，以及对未来充满无限希望与憧憬的赤子之心。面对过往那份略显稚嫩与冲动的"学生气"，我们应当学会辩证地看待，认识到它既是成长的痕迹，也是不断适应与超越自我的契机。

掌握工作利器：悟空是怎么选择自己的兵器的

面对种类繁多的工具与资源，许多人感到无所适从，不知如何选择最适合自己的"工作利器"，以至于在职业生涯的起跑线上就踟蹰不前。有的人，或许能在实践中慢慢摸索出适合自己的道路；但也有人，会被这种不确定性所困扰，难以全身心投入工作。

在职场上，掌握适合自己的工作利器至关重要。这不仅意味着要拥有明确的职业目标，更要在众多选项中精准识别出能够助力自己实现目标、发挥个人优势的工具与资源。让我们一起来看看孙悟空是怎么选择适合自己的兵器的：

直至宫里相见，上坐献茶毕，问道："上仙几时得道，授何仙术？"悟空道："我自生身之后，出家修行，得一个无生无灭之体。近因教演儿孙，守护山洞，奈何没件兵器。久闻贤邻享乐瑶宫贝阙，必有多余神器，特来告求一件。"龙王见说，不好推辞，即着鳜都司取出一把大杆刀奉上。悟空道："老孙不会使刀，乞另赐一件。"龙王又着鲌大尉领鳝力士，抬出一杆九股叉来。悟空跳下来，接在手中，使了一路，放下道："轻！轻！轻！又不趁手！再乞另赐一件。"龙王笑道："上仙，你不曾看，这叉有三千六百斤重哩！"悟空道："不趁手！不趁手！"龙王心中恐惧，又着鳊提督、鲤总兵抬出一柄画杆方天戟。那戟有七千二百斤重。悟空见了，跑近前接在手中，丢几个架子，撒两个解数，插在中间道："也还轻！轻！轻！"老龙王一发害怕，道："上仙，我宫中只有这根戟重，再没甚么兵器了。"悟空笑道："古人云：'愁海龙王没宝哩！'你再去寻寻看。若有可意的，一一奉价。"龙王道："委的①再无。"

正说处，后面闪过龙婆、龙女道："大王，观看此圣，决非小可。我们这海藏中，那一块天河定底的神珍铁，这几日霞光艳艳，瑞气腾腾，敢莫是②该出现，遇此圣也？"龙王道："那是大禹治水之时，定江海浅深的一个定子，是一块神铁，能中何用？"龙婆道："莫管他用不用，且送与他，凭他怎么改造，送出宫门便了。"老龙王依言，尽向悟空说了。悟空道："拿出来我看。"龙王摇手道："扛不动！抬不动！须上仙亲去看看。"悟空道："在何处？你引我去。"龙王果引导至海藏中间，忽见金光万道。龙王指定道："那放光的便是。"悟空撩衣上前，摸了一把，乃是一根铁柱子，约有斗来粗，二丈有馀长。他尽力两手挝过道："忒粗忒长些！再短细些方可用。"说毕，那宝贝就短了几尺，细了一围。悟空又颠一颠道："再细些更好！"那宝贝真个又细了几分。悟空十分欢喜，拿出海藏看时，原来两头是两个金箍，中间乃一段乌铁；紧挨箍有镌成的一行字，唤作"如意金箍棒，重一万三千五百斤"。心中暗喜道："想必这宝贝如人意！"一边走，一边心思口念，手颠着道："再短细些更妙！"拿出外面，只有二丈长短，碗口粗细。

你看他弄神通，丢开解数，打转水晶宫里。唬得老龙王胆战心惊，小龙子魂飞魄散；龟鳖鼋鼍皆缩颈，鱼虾鳌蟹尽藏头。悟空将宝贝执在手中，坐在水晶宫殿上，对龙王笑道："多谢贤邻厚意。"龙王道："不敢，不敢。"

---

① 委的：真的、确实的意思。

② 敢莫是：疑问之词。犹莫非是、难道是。

扩展阅读：

孙悟空在方寸山上只待了几十年，就被菩提祖师赶了出去。回到"老家"的孙悟空很是逍遥自在，仗着自己法力高强，他不仅打败了混世魔王，得到了自己的第一件武器——一把大刀，又在后来冲进了傲来国，夺得了大量的兵器，让花果山的小猴儿们也有了武器玩。孙悟空一开始还对自己的现状很满意，但是渐渐地，他发现自己好像并不适合用刀。作为美猴王，怎么能没有一件称手的兵器呢？孙悟空的顽劣劲儿一下子就上来了，直接冲到东海龙王的宫中，美其名曰要"借"一件兵器回去。孙悟空没有盲目接受龙王提供的任何一件法宝，而是亲自深入龙宫，凭借自己的洞察力和判断力，最终选中了那重达万斤、能够随心意变化的定海神针——"如意金箍棒"。

而在职场里，我们面对诸多看似可用的工具或资源，却往往因缺乏深度了解，难以发现真正能助力自身发展的关键所在。正如孙悟空求取定海神针一样，我们也要认清自身的优势与劣势，明确工作的重点与难点，如此才能精准挑选出适合自己的"如意金箍棒"。

选择适合自己的才是最重要的

孙悟空手中的"如意金箍棒"，原为太上老君在八卦炉精心炼制的神铁，后由大禹借去作为测量江海深浅的标尺，直至《西游记》第三回，这根"定海神针"才落入闯龙宫的美猴王之手。定海神针因其特质，无法为寻常人所用，在凡夫俗子的眼中是无用之物，而在孙悟空看来却是难得的宝贝，也是可大可小的兵器。如果把定海神针比作千里马，那么孙悟空就是识得它与众不同的伯乐，两者结合方能彼此成就。看似毫无关联，却似乎有某种神秘力量牵引着他们相遇。

在中国神话故事中，尽管宝物各具特色，却都肩负着相通的使命——它们以独特的方式展现人物特质、辅助人物行动，并进一步强化人物所承载的精神力量与传奇色彩。金箍棒的非凡之处，正是在于它为孙悟空的形象增添了光彩，若无此宝，孙悟空的英姿定会大打折扣。

所以我们也要选择适合自己的工具，正如孙悟空与"如意金箍棒"的完美结合，展现了工具与个人能力的相互成就，在职场和生活中，我们同样需要寻找那些能与自己相得益彰的工具或方法。它们能够弥补我们的不足，放大我们的优势，选择对了，就如同孙悟空拥有了"如意金箍棒"，能够战天斗地，无往不胜；选择错了，则可能事倍功半，甚至南辕北辙。因此，在追求成功与卓越的道路上，让我们学会慧眼识珠，找到那件属于自己的"如意金箍棒"。

工欲善其事，必先利其器

《论语》中有一章，帮我们展现了职场中成长的底层逻辑：

> 子贡问为仁。子曰："工欲善其事，必先利其器。居是邦也，事其大夫之贤者，友其士之仁者。"

这段引文的意思是：子贡问怎样修养仁德。孔子说："工匠要做好工作，必须先磨快工具。住在这个国家，就要侍奉士大夫中的贤人，与士人中的仁者交朋友。"

我们观察到，无论是年少时便崭露头角的才俊，还是在某一领域内持续深耕的资深专家，都掌握着各自独到的技巧与专长。他们在自己精通的领域中，通过基础练习，不断积累宝贵的经验。在职场上，追求效率需要"工欲善其事，必先利其器"的理念。恰当的工具能够大幅提升工作效率，提前完成任务。举例来说，运用高效的办公软件可以极大地加快文档编辑、数据分析等工作的进度。

在职场中，我们也应如孙悟空般，深知"工欲善其事，必先利其器"的道理。无论是提升专业技能，还是优化工作流程，我们都需要找到那些能够真正助力我们成长与成功的"利器"。这些"利器"可能是先进的工具软件，可能是高效的学习方法，也可能是优秀的团队合作模式。只有当我们拥有了这些"利器"，才能在激烈的职场竞争中脱颖而出，实现个人与团队的共同成长。

"好问则裕，自用则小"

"好问则裕，自用则小"源自《尚书·仲虺之诰》，其含义是：遇难题而虚心求教，则学识广博深邃；若仅凭己见，拒绝向他人学习，则难以成就大业。

工作的时候我们常常面临各种机遇与挑战，而能否勇敢提出自己的疑问，甚至于诉求，往往决定了我们能否获得真正适合自己的工作利器。孙悟空的行为启示我们，不要害怕向他人表达自己的需求和期望，因为只有这样，我们才能有机会获得那些能够助我们一臂之力的资源和支持。他的勇敢和坚持，最终使他获得了定海神针这一强大的利器，这一利器不仅提升了他的战斗力，更成了他后续取经路上披荆斩棘、无畏前行的关键助力。职场中的成长与成功往往与我们的主动性和开放性密切相关。在职场中提出自己的诉求、不断追求更好的自己的同时，也要保持开放的心态，积极寻求与他人的合作与交流。当我们敢于开口，勇于表达自己的诉求时，不仅能够获得更多的机会和资源，还能够促进与他人的沟通和合作，从而在职场中建立起更加稳固和积极的人际关系。

没有规划：职业规划怎么做？看看观音的做法

许多职场新人，站在职业生涯的起点，望着前方未知的道路，心中不免忐忑：我的方向在哪里？我将如何成就一番事业？有人会在实践中慢慢摸索，逐步清晰自己的定位；而有的人，则可能因过度纠结于这些未知，而暂缓了前行的脚步。

如何在职业生涯的初期就找到那把开启成功之门的钥匙呢？关键在于"指引与信念"——拥有一位智慧的导师，为你点亮前行的灯塔，同时保持一颗坚定不移的心，不让迷茫和恐惧侵蚀你的梦想与决心。

即便是孙悟空这样不凡的角色，也曾有过迷茫的时刻——被压在五行山下，动弹不得，前途似乎一片黯淡。但正是在这绝望之际，观音菩萨的出现，为孙悟空带来了转机：

菩萨带引木叉行者过了此山，又奔东土。行不多时，忽见金光万道，瑞气千条。木叉道："师父，那放光之处，乃是五行山了，见有如来的压帖在那里。"菩萨道："此却是那搅乱蟠桃会大闹天宫的齐天大圣，今乃压在此也。"木叉道："正是，正是。"师徒俱上山来，观看帖子，乃是"唵、嘛、呢、叭、咪、吽"六字真言。菩萨看罢，叹惜不已，作诗一首。

诗曰：

> 堪叹妖猴不奉公，当年狂妄逞英雄。
>
> 欺心搅乱蟠桃会，大胆私行兜率宫。
>
> 十万军中无敌手，九重天上有威风。
>
> 自遭我佛如来困，何日舒伸再显功！

师徒们正说话处，早惊动了那大圣。大圣在山根下，高叫道："是那个在山上吟诗，揭我的短哩？"菩萨闻言，径下山来寻看。只见那石崖之下，有土地、山神、监押大圣的天将，都来拜接了菩萨，引至那大圣面前。看时，他原来压于石匣之中，口能言，身不能动。菩萨道："姓孙的，你认得我么？"大圣睁开火眼金睛，点着头儿高叫道："我怎么不认得你？你好的是那南海普陀落伽山①救苦救难大慈大悲南无观世音菩萨。承看顾！承看顾！我在此度日如年，更无一个相知的来看我一看。你从那里来也？"菩萨道："我奉佛旨，上东土寻取经人去，从此经过，特留残步看你。"大圣道，"如来哄了我，把我压在此山，五百馀年了，不能展挣。万望菩萨方便一二，救我老孙一救！"菩萨道："你这厮罪业弥深，救你出来，恐你又生祸害，反为不美。"大圣道："我已知悔了。但愿大慈悲指条门路，情愿修行。"这才是：

> 人心生一念，天地尽皆知。
>
> 善恶若无报，乾坤必有私。

那菩萨闻得此言，满心欢喜，对大圣道："圣经云：'出其言善，则千里之外应之；出其言不善，则千里之外违之。'你既有此心，待我到了东土大唐国寻一个取经的人来，教他救你。你可跟他做个徒弟，秉教

---

① 南海普陀落伽山：舟山群岛的普陀落伽山。落伽山是群岛东南之一小岛，普陀山还有一著名山洞潮音洞，据说诚心朝山进香的有缘人，能见观世音菩萨于洞中现身。此山成为观音圣地。

迦持，入我佛门，再修正果，如何？"大圣声声道："愿去！愿去！"菩萨道："既有善果，我与你起个法名。"大圣道："我已有名了，叫做孙悟空。"菩萨又喜道："我前面也有二人归降，正是'悟'字排行。你今也是'悟'字，却与他相合，甚好，甚好！这等也不消叮嘱，我去也。"那大圣见性明心归佛教，这菩萨留情在意访神僧。

扩展阅读：

观音菩萨深知孙悟空虽为顽猴，却潜力无限，其不羁之心与非凡之能，若得正道指引，必能成为护佑取经人的得力助手。于是，菩萨巧妙地安排孙悟空在五行山下静候唐僧。这一决策，不仅磨砺了悟空的心性，更为其日后的成长铺设了坚实的道路。

在生涯规划中，我们往往面临诸多选择与挑战，观音菩萨之于孙悟空，犹如一位高明的职业规划师，也就是我们常说的"伯乐"。她洞察到孙悟空内心深处对于自由与尊重的渴望，希望得到他人的认可却无法得以实现的不甘。于是，通过一番看似严苛实则充满深意的磨砺，她激发了他内心深处对正义与救赎的向往。这不仅是观音对孙悟空个人命运的精准把握，更是对整个取经大业深思熟虑的布局。

"千里马常有，伯乐不常有"

孙悟空，这位拥有通天彻地、变化无穷之能的齐天大圣，若非昔日观音菩萨的引导，或许至今仍被压在五行山下，承受着无尽的孤寂与束缚；又或许，他仍会在天宫之中肆意大闹，无法无天，未能踏上那条充满重重试炼与救赎的西天取经之路。正是观音菩萨的慈悲为怀与独具慧眼，让孙悟空得以在五行山下度过那段漫长而深刻的反思时光，磨砺心性，洗净铅华，从狂妄不羁的顽猴逐渐蜕变为唐僧取经路上的忠诚护法，历经九九八十一难，最终修成正果，完成了从顽猴到斗战胜佛的辉煌转变，其间的成长令人叹为观止。

在人生的漫长旅途中，我们每个人或许都是那匹尚未被发掘的千里马，内心深处蕴藏着独特的才能与无尽的潜力，正静静地等待着属于自己的伯乐出现。这伯乐，可能是我们尊敬的师长，他们的智慧与经验引领我们前行；可能是我们亲密的朋友，他们的真诚与鼓励陪伴我们成长；甚至可能是那些在生活中偶然相遇的陌生人，他们或许只是在我们最需要帮助的时候，给予了一个微笑、一句问候、一次援手，但这些看似微不足道的举动，却可能成为我们人生中的转折点。无论是师长、朋友，还是那些萍水相逢的陌生人，以各自的风姿与力量，为我们拨开生活的迷雾，照亮前行的道路，引领我们在人生的舞台上持续精进。

🌀 释怀是人生的重要一课

在大闹天宫之后，孙悟空最终还是被如来佛祖强行压在五行山之下，等待着唐僧的到来。在陪着唐僧西天取经的道路上，他几次被唐僧的行为气到放弃西行，但是在一次次的磨炼与反思中，他明白了责任与使命，学会了忍耐与等待，也懂得了与他人合作。在这段时光里，孙悟空没有选择沉沦或逃避，而是深刻反省了自己的过错，逐渐明白了力量与责任并存的道理。更重要的是，在观音菩萨的点化与指引下，他学会了耐心等待，并相信总有一天救赎的机会会到来。这种积极向前看的态度，不仅让他得以摆脱过去的束缚，更为他日后的成长与发展奠定了坚实的基础。

同样，每个人在职业生涯的旅途中，都难免会遭遇挫折与失败。面对这些不如意，我们或许会感到愤怒、失望，甚至质疑自己的能力和价值。然而，我们要学会释怀，勇敢地面对过去，从失败的阴影中走出来。我们要像孙悟空那样，不被过去的失败所束缚，而是以此为契机，汲取教训，调整心态，以更加积极、乐观的态度去迎接未来的挑战。

做好自己的"职业规划"

就算是会七十二变的孙悟空也难免在取经道路上受到挫折与苦难，如何克服前进道路上无法避免的挫败或是迷茫呢？关键在于我们是否能够勇于面对挑战，坚持内心的信念与追求。在职业生涯的征途中，我们不仅要具备适应变化、不断学习的能力，更要有敢于突破自我、接受磨砺的勇气。每一次的挫折与失败，都是对我们意志与能力的考验，也是成长的宝贵财富。

因此，我们要将个人的职业规划视为一场长期的修行与磨砺。在这个过程中，我们要保持对梦想的执着追求，勇于尝试新事物，不断发掘自身潜力。同时，也要学会在失败中吸取教训，在挫折中寻找机遇。只有这样，我们才能在职业生涯中不断前行，最终实现自己的梦想。

没有目标：要明确自己想要什么，愿意付出什么

◆◇◇

在初入职场的时候，有的新人能在工作的磨砺中逐渐找到属于自己的航道，解开内心的谜团；而有的人，则可能被这些困惑反复缠绕，如同陷入了无尽的迷雾，影响工作的进展与个人的成长。

对于职场新人而言，如何快速找到自己的定位，实现从"迷茫小白"到"职场精英"的转变呢？首要之务，便是进行"心态管理"，需要明确自己想要什么，愿意付出什么。在《西游记》第十二回，唐僧请缨前往西天取经，让我们一同看看唐僧是如何明确他的志向，踏上西行之路的：

> 喜的个唐太宗，忘了江山；爱的那文武官，失却朝礼；盖众多人，都念"南无观世音菩萨"。太宗即传旨，教巧手丹青描下菩萨真像。旨意一声，选出个图神写圣远见高明的吴道子——此人即后图功臣于凌烟阁者，当时展开妙笔，图写真形。那菩萨祥云渐远，霎时间不见了金光。只见那半空中，滴流流落下一张简帖，上有几句颂子，写得明白。颂曰：
>
> "礼上大唐君，西方有妙文。程途十万八千里，大乘进殷勤。此经回上国，能超鬼出群。若有肯去者，求正果金身。"

太宗见了颂子，即命众僧："且收胜会，待我差人取得大乘经来，再秉丹诚，重修善果。"众官无不遵依。当时在寺中问曰："谁肯领朕旨意，上西天拜佛求经？"问不了，旁边闪过法师，帝前施礼道："贫僧不才，愿效犬马之劳，与陛下求取真经，祈保我王江山永固。"唐王大喜，上前将御手扶起道："法师果能尽此忠贤，不怕程途遥远，跋涉山川，朕情愿与你拜为兄弟。"玄奘顿首谢恩。唐王果是十分贤德，就去那寺里佛前，与玄奘拜了四拜，口称"御弟圣僧"。玄奘感谢不尽，道："陛下，贫僧有何德何能，敢蒙天恩眷顾如此？我这一去，定要捐躯努力，直至西天。如不到西天，不得真经，即死也不敢回国，永堕沉沦地狱。"随在佛前拈香，以此为誓。唐王甚喜，即命回銮，待选良利日辰发牒①出行，遂此驾回，各散。

玄奘亦回洪福寺里。那本寺多僧与几个徒弟，早闻取经之事，都来相见，因问："发誓愿上西天，实否？"玄奘道："是实。"他徒弟道："师父呵，尝闻人言，西天路远，更多虎豹妖魔。只怕有去无回，难保身命。"玄奘道："我已发了洪誓大愿，不取真经，永堕沉沦地狱。大抵是受王恩宠，不得不尽忠以报国耳。我此去真是渺渺茫茫，吉凶难定。"又道："徒弟们，我去之后，或三二年，或五七年，但看那山门里松枝头向东，我即回来；不然，断不回矣。"众徒将此言切切而记。

扩展阅读：

唐僧抛下安逸的生活，坦然面对身边人的质疑与担忧，选择了充满未知与危险的西行之路，这正是因为他心中有着取真经这一清晰而坚定的目标。这个目标不仅是他个人的追求，更是对众生福祉的担当。正是这种舍弃与担当，让他在逆境中不断成长，最终不负众望达成使命。

在职场中，唐僧的故事也让我们有所启发，那就是要勇于舍弃眼前的安逸与

---

① 发牒：颁发或发布通关文牒。

舒适，设定清晰而远大的目标。只有当我们明确了自己的方向，才能在纷繁复杂的职场环境中保持定力，不被短期利益所迷惑。同时，目标的设定也需要具备挑战性，这样才能激发我们的潜能，推动我们不断前行。

职场也是一次"自我的探寻"

许多职场新人容易陷入迷茫，这种迷茫往往源于对自身职业目标、兴趣爱好和价值观的认知模糊。这种迷茫既来自当下信息爆炸的影响，让我们难以筛选出对我们真正有用的信息；也是因为缺乏更深入的自我认知。我们或许能轻易说出自己喜欢的事物，却鲜少探究其背后的深层原因；我们或许已经投身于某个行业或岗位，却从未静下心来审视这样的选择，这样的选择是否真的与我们的性格特质、内在能力和核心价值观相契合。在职场上，没有目标就如同航海失去了方向，让人在浩瀚的职业海洋中随波逐流，难以抵达心中的彼岸。

唐僧的取经之路，充满了未知与挑战，但他凭借着对目标的坚定信念，一步步克服了重重困难。职场新人同样需要这样一分对自我追求的坚持，通过不断尝试、学习与反思，逐渐明确自己的职业定位与人生方向。每一次挫折与失败，都是对自我认知的一次深化，都是向着真正属于自己的职业道路迈进的一步。职场不仅是技能与经验的竞技场，更是一场关于自我的探寻之旅。在这个过程中，我们需要勇敢地面对内心的迷茫与不安，积极地寻找并确立自己的职业目标，让每一次的努力都充满意义与价值。

聚焦，使目标更清晰

在职场的旅途中，唐僧的故事启示我们，一个清晰、具体的目标，是推动我们不断前行的强大动力。结合现代管理学的"SMART"原则，我们可以将唐僧的取经目标进行拆解与清晰化：Specific（具体）——唐僧的目标是取得真经，这一目标明确且具体，不含糊其词；Measurable（可衡量的）——取得真经是一个可以明确判断的结果，一旦达成，便无须争议；Attainable（可达成的）——虽然取经之路充满艰辛，但唐僧相信凭借自己的努力与团队的支持，这一目标是可以实现的；Relevant（相关性）——取得真经对于唐僧而言，是修行与普度众生的关键，与他的个人使命紧密相连；Time-bound（时限性）——虽然不知道取经需要多久，但唐僧深知这是一项长期且艰巨的任务，他愿意用一生的时间去完成。

著名管理学大师彼得·德鲁克说："做正确的事比正确地做事更重要。"身为职场新人的你，是否常有这样的感受：每天忙忙碌碌，似乎总有做不完的工作，但到了下班时，却发现自己似乎一事无成；工作一天下来，身心俱疲，回顾成果，收获寥寥。这种日复一日的忙碌与低效，让那些真正重要、渴望达成的目标变得遥不可及。这并非因为你的能力不足，而是因为你缺乏一个清晰、聚焦的目标作为指引。想象一下，你拥有一匹千里马，却时而让它向左疾驰，时而让它向右飞奔，如此反复，即便它拥有无尽的体力，也难以抵达任何终点。生活中的"劲往一处使"，正是这个道理的生动体现。我们需要像唐僧取经那样，树立一个明确而坚定的目标，学会聚焦，将你的精力与努力凝聚在一个清晰的目标上，让它成为推动你跨越障碍、持续成长的不竭动力。

🐚 舍得投入，职场的充电投资"经"

唐僧在面对极端困境时，展现出了非凡的"舍得"精神。他舍弃了安逸的生活，克服了对未知的恐惧，义无反顾地决定追求真经，最终也取得真经归来。职场中，我们在制订目标时，同样需要这种"舍得"的智慧。我们需要舍得投入时间与精力去学习新知识，舍得放弃短期的安逸与舒适去挑战自我，舍得面对失败与挫折去不断成长。

职业生涯的黄金时段，往往也是面临最大挑战的时期。这一时期，你不仅要巩固并提升自己的现有技能，还要为未来的长远发展精心规划。若仅仅依赖过往积累的知识和技术，你将难以适应日新月异的社会环境。因为一旦停滞在原有的知识与技术层面，你的职业发展便会陷入瓶颈，难以突破现有的职位框架。

　　然而，随着我们在职场中工作经验的不断累积，那些曾经激励我们前行的原有目标设定，渐渐开始显得唾手可得，无法满足我们日益增长的心理预期与对成长的深切渴望。我们不再满足于现状，不再仅仅满足于完成既定的任务，而是开始渴望更高的成就，更大幅度的提升，希望能够在职业生涯中留下更为浓墨重彩的一笔。因此，我们要学会在职场上积极投入，不仅付出时间和精力，更要倾注热情与智慧。勇于设定促进自我成长与突破的目标，敢于直面挑战。敢于走出舒适区，去探索未知的领域。我们深知，只有这样，我们才能在职业生涯中不断取得新的成就，不断突破自我，向理想的生活状态稳步迈进。这不仅仅是职业生涯发展的必然要求，更是我们实现个人价值与梦想的必经之路。我们明白，只有不断地挑战自己，才能发现自己的潜力，才能让自己的生活更加充实和有意义。

"坏运气"：职场中的"好运气"是可以培养的

～◦◦～

我们常常听说"运气"这个词，仿佛它决定了我们职场生涯的成败。有人将职场上的顺风顺水归功于"好运气"，而将挫折与困境归咎于"坏运气"。可是，所谓的"好运气"，往往并非从天而降，而是需要我们通过自身的努力与智慧去争取。

在《西游记》中，孙悟空被困五行山下，看似遭遇了人生最大的"坏运气"。然而，如果他没有被困五行山，就没有后来的西天取经。正是唐僧撕下金字压帖的那一刻，彻底改变了孙悟空的命运，也为他后续的取经之路铺平了道路。

当唐僧撕下金字压帖，孙悟空重获自由时，他便以一种全新的姿态投入取经的事业中：

> 刘太保诚然胆大，走上前来，与他拔去了鬓边草，颔下莎①，问道："你有甚么说话？"那猴道："我没话说。教那个师父上来，我问他一问。"三藏道："你问我甚么？"那猴道："你可是东土大王差往西天取经去的么？"三藏道："我正是。你问怎么？"那猴道："我是五百年前大闹天宫的齐天大圣。只因犯了诳上之罪，被佛祖压于此处。前者有个观音菩萨，

---

① 莎（suō）：一种草类植物，与"鬓边草"共同形容了孙悟空被压在五行山下后的狼狈形象。

领佛旨意，上东土寻取经人。我教他救我一救，他劝我再莫行凶，归依佛法，尽殷勤保护取经人往西方拜佛，功成后自有好处。故此昼夜提心，晨昏吊胆，只等师父来救我脱身。我愿保你取经，与你做个徒弟。"三藏闻言，满心欢喜道："你虽有此善心，又蒙菩萨教诲，愿入沙门，只是我又没斧凿，如何救得你出？"那猴道："不用斧凿，你但肯救我，我自出来也。"三藏道："我自救你，你怎得出来？"那猴道："这山顶上有我佛如来的金字压帖。你只上山去将帖儿揭起，我就出来了。"三藏依言，遂回头央浼刘伯钦道："太保呵，我与你上山走一遭。"伯钦道："不知真假何如！"那猴高叫道："是真！决不敢虚谬！"伯钦只得呼唤家僮①牵了马匹，他却扶着三藏复上高山。攀藤附葛，只行到那极巅之处，果然见金光万道，瑞气千条，有块四方大石，石上贴着一封皮，却是"唵、嘛、呢、叭、咪、吽"六个金字。三藏近前跪下，朝石头看着金字，拜了几拜，望西祷祝道："弟子陈玄奘，特奉旨意求经，果有徒弟之分，揭得金字，救出神猴，同证灵山；若无徒弟之分，此辈是个凶顽怪物，哄赚弟子，不成吉庆，便揭不得起。"祝罢，又拜。拜毕，上前将六个金字轻轻揭下。只闻得一阵香风，劈手把压帖儿刮在空中，叫道："吾乃监押大圣者。今日他的难满，吾等回见如来，缴此封皮去也。"吓得个三藏与伯钦一行人，望空礼拜。径下高山，又至石匣边，对那猴道："揭了压帖矣，你出来么。"那猴欢喜，叫道："师父，你请走开些，我好出来。莫惊了你。"

伯钦听说，领着三藏，一行人回东即走。走了五七里远近，又听得那猴高叫道："再走！再走！"三藏又行了许远，下了山，只闻得一声响亮，真个是地裂山崩。众人尽皆悚惧。只见那猴早到了三藏的马前，赤淋淋跪下，道声："师父，我出来也！"对三藏拜了四拜，急起身，与伯钦唱个大喏道："有劳大哥送我师父，又承大哥替我脸上薅草。"谢毕，就去收拾行李，扣背马匹。那马见了他，腰软蹄矬，战兢兢的立站不住。

---

① 家僮：旧时私家的奴仆。

盖①因那猴原是弼马温，在天上看养龙马的，有些法则，故此凡马见他害怕。

三藏见他意思，实有好心，真个像沙门中的人物，便叫："徒弟啊，你姓甚么？"猴王道："我姓孙。"三藏道："我与你起个法名，却好呼唤。"猴王道："不劳师父盛意。我原有个法名，叫做孙悟空。"三藏欢喜道："也正合我们的宗派。你这个模样，就像那小头陀一般，我再与你起个混名，称为行者，好么？"悟空道："好！好！好！"自此时又称为孙行者。

扩展阅读：

在那漫长的岁月中，金字压帖不仅禁锢了孙悟空的身形，更考验着他的心性。唐僧撕下此帖，不仅是对孙悟空身体上的解救，更是对其心灵深处的一次深刻唤醒，饱含着深情厚重的知遇之恩。在我们各自的职场生涯中，或许也会遇到类似"金字压帖"的困境，它们或是外界的误解，或是内心的迷茫，让我们常会被种种困境禁锢，仿佛被无形的枷锁束缚，难以挣脱。孙悟空最终得以解脱的关键在于那份来自外界的理解与信任。唐僧的撕帖之举，象征着在困境中给予我们力量与方向的贵人的相助。这样的知遇之恩，会让我们在迷茫中找到方向，在挫败中重拾信心，勇敢地继续前行。

因此，面对生活中的种种挑战与困境，我们不应只是被动等待，而应积极寻求那个能为我们"撕去金字压帖"的人，或是自我觉醒，成为自己命运的主宰。正如孙悟空以不屈不挠的精神，最终成就一番伟业，我们也应以同样的勇气和决心，去追求并实现自己的梦想。

主动出击，把握机遇

面对刘太保等人的质疑与不解，孙悟空没有选择退缩或沉默，而是主动询问唐僧是否是自己要找的人，并且积极解释自己的处境并表达希望唐僧解救自己的意

---

① 盖：表示原因或者理由。

愿。有时候真正的机遇常常藏在那些不被大家忽略的地方，静待有识之士以慧心洞察，孙悟空没有被外界那些质疑和否定的声音干扰，而是坚持自己的直觉与信念。

面对稍纵即逝的宝贵机遇，若只是被动地等待他人的指引或帮助，往往只能局限于浅尝辄止的成长，难以触及职业发展的深层境界。真正有能力的职场人犹如敏锐的猎手，能够迅速捕捉到每一次可能使职业轨迹跃升的机会，并毫不犹豫地主动出击。在他们看来，机遇不仅是外界赋予的幸运，更是内在实力得以展现的绝佳舞台。因此，他们不断在工作中磨砺自我，力求以卓越的业绩和积极向上的态度，回应伯乐那份沉甸甸的信任与殷切期待，让每一次机遇都成为推动自己迈向更高峰的强劲动力。

🐵 以心换心，以诚待人

当唐僧在旅途中遇到被五行山重压的孙悟空时，并不知道揭下压贴后会发生什么。他对孙悟空的身份和背景一无所知。他相信孙悟空内心的善良与潜力，愿意给予他一次改过自新的机会。这种无私的信任与尊重，不仅让孙悟空感受到了前所未有的温暖与关怀，也深深触动了他的内心。孙悟空因此更加愿意为唐僧效犬马之劳，成为他取经路上的忠诚护法，无论面对怎样的艰难险阻，都始终不离不弃，誓死保护唐僧安全到达西天。正是这份深厚的师徒情谊，使得取经之路虽然充满了重重考验，却也能在团队的共同努力下顺利推进。

唐僧撕下金字压帖这一决定教会我们，面对问题我们应当勇于承担责任，而不是逃避或推卸责任。正如唐僧没有因为未知的危险而放弃解救孙悟空，我们在工作中遇到难题时，也应积极寻求解决问题的方法，勇于面对挑战，以实际行动展现我们的担当与勇气。

士为知己者死

孙悟空被唐僧从五行山下解救出来，这一举动，对他而言，不仅象征着身体上的解脱与自由，更是心灵上的一次深刻救赎。唐僧的这一行为，超越了简单的施救，它蕴含了对孙悟空过往行为的宽容与谅解，更是一种对孙悟空能力与潜力的认可与信任。孙悟空感受到这份沉甸甸的信任，内心充满了感激与敬畏，他深知，是唐僧给了他一个重新开始的机会，让他从昔日的狂妄不羁中走出，成为一位真正的英雄。因此，孙悟空愿意为唐僧赴汤蹈火。这种感恩之心，不仅仅体现在他对唐僧的绝对忠诚与无条件服从上，更体现在他愿意主动承担起更多的责任，面对更大的风险，只为确保唐僧取经之路的平安与顺利。

在职场中，我们也常常会遇到那些真正赏识我们、愿意给予我们机会与挑战的上级或老板。他们就像唐僧一样，用慧眼发现我们的闪光点，用信任与支持为我们搭建成长的舞台。面对这样的上级或老板，我们应当如何回应？答案无疑是：通过努力工作，不断创造价值，用实际行动来回报他们的信任与支持。这不仅仅是为了满足他们的期待，更是为了证明自己的价值，实现个人的成长与突破。当我们这样做时，就会形成一种良性循环。这种循环不仅有助于我们与上级或老板之间建立良好的人际关系，还能激发团队的凝聚力与向心力，促进个人与组织的共同成长。

悟空入世，

团队法则：职场不养闲人，团队

不养懒人

学会观察：你身边的聪明人是怎么工作的

〰

在踏入职场的初始阶段，大多数人都会感到迷茫与不确定，仿佛置身于一片茫茫大海，不知方向，不明未来。面对工作的挑战与未知，有的人在摸索中逐渐找到了自己的道路，而有的人则可能被这些困惑所困扰，难以全身心投入工作。那么，如何在职场的迷雾中迅速找到属于自己的航向，成为那个既能高效工作又能持续成长的人呢？关键在于"观察与学习"——从那些已经在职场中游刃有余的聪明人身上汲取经验。

从石破天惊的美猴王到被天庭招安成为弼马温，孙悟空始终怀揣着极高的抱负与志向。即便是在担任弼马温这样看似不起眼的职位时，他也并未因此懈怠或轻视自身职责。从孙悟空身上，我们来看看即便是在最平凡的岗位上，如何展现出非凡的洞察力与执行力：

　　太白金星，领着美猴王，到于灵霄殿外。不等宣诏，直至御前，朝上礼拜。悟空挺身在旁，且不朝礼，但侧耳以听金星启奏。金星奏道："臣领圣旨，已宣妖仙到了。"玉帝垂帘问曰："那个是妖仙？"悟空却才躬身答应道："老孙便是。"仙卿们都大惊失色道："这个野猴！怎么不拜伏参见，辄敢这等答应道：'老孙便是！'却该死了！该死了！"玉帝传旨道："那孙悟空乃下界妖仙，初得人身，不知朝礼，且姑恕罪。"众仙卿叫声"谢恩！"猴王却才朝上唱个大喏。玉帝宣文选武选仙卿，看那处少甚官职，着孙悟空去除授。旁边转过武曲星君，启奏道："天宫里各宫各殿，各方各处，都不少官，只是御马监缺个正堂管事。"玉帝传旨道："就除他做个'弼马温'罢。"众臣叫谢恩，他也只朝上唱个大喏。玉帝又差木德星官送他去御马监到任。

当时猴王欢欢喜喜，与木德星官径去到任。事毕，木德回宫。他在监里，会聚了监丞、监副、典簿、力士、大小官员人等，查明本监事务，止有天马千匹。乃是：

骅骝①骐骥，骒騧纤离；龙媒紫燕，挟翼骕骦；駃騠银骢，騕褭飞黄；骐骒翻羽，赤兔超光；逾辉弥景，腾雾胜黄；追风绝地，飞翩奔霄；逸飘赤电，铜爵浮云；骢珑虎剌，绝尘紫鳞；四极大宛，八骏九逸，千里绝群：——此等良马，一个个，嘶风逐电精神壮，踏雾登云气力长。

这猴王查看了文簿，点明了马数。本监中典簿管征备草料；力士官管刷洗马匹、扎草②、饮水、煮料；监丞、监副辅佐催办；弼马昼夜不睡，滋养马匹。日间舞弄犹可，夜间看管殷勤：但是马睡的，赶起来吃草；走的捉将来靠槽。那些天马见了他，泯耳攒蹄，都养得肉肥膘满。

扩展阅读：

孙悟空在职位上勤勉尽责，不畏辛劳，即便面对琐碎日常，亦能保持积极乐观，这种敬业乐群的精神，放到现实中更属难能可贵。他以行动诠释了"干一行，爱一行"的职业操守。他不仅严格执行天庭的规章制度，更凭借自己的聪明才智，创新管理方法，使得马厩秩序井然，天马健康成长，成为天庭后勤管理的一股清流。即便是在看似平凡的岗位上，他也能发光发热，展现出非凡的能力与价值。

---

① 骅（huá）骝（liú）：传说是周穆王（？—公元前922年）八骏马之一。骅也作华。这以下至"紫鳞"，全是古代骏马名，不再一一注释。

② 扎草：扎同铡。把草切成寸段喂马，叫作铡草。

在其位，谋其政

当孙悟空初临天界，玉帝特赐其"弼马温"一职，委任他照顾天庭的珍贵天马。尽管孙悟空对"弼马温"这一官衔的具体含义不甚了了，但他并未因此有所懈怠，反而满心欢喜地接受了这份职责。他以一颗真诚的心对待这份新工作。他先对天马进行了详尽的清点，确保无一遗漏。随后，他又亲自部署，安排手下细心照料天马的日常，包括为它们洗澡、喂水等琐碎事务。他深知，在其位谋其政，任何细微之处都关乎工作的质量。在他的精心管理下，仅仅半个月的时间，天马便被他养得膘肥体壮，大好于从前。

在现实生活中，我们常常会遇到对自己岗位职责不甚明确的情况，但真正优秀的职场人，会像孙悟空一样，不会因为职责的模糊而敷衍了事。他们始终以高度的责任心和敬业精神，全身心投入工作，用实际行动诠释着"在其位，谋其政"的职业操守。

"弼马温"效应

"弼马温"效应，这一术语虽源自古代文学作品《西游记》中对孙悟空担任天庭弼马温一职的戏谑称呼，但在现代管理学中，它却被赋予了全新的内涵，指在一个组织或团队中，应该配备像孙悟空这样的"弼马温"式人物。这类人物通常个性鲜明、我行我素，同时又能力超强、充满质疑和变革精神。因为他们难于管理，所以在一些组织中，他们被叫作"问题员工"，甚至上了"黑名单"。

但实际上在组织和团队中，也应该配备"弼马温"式的人物，"弼马温"式人物是组织不可或缺的重要组成部分。他们如同孙悟空一般，虽桀骜不驯，却拥有非凡的才能与创造力。重视并培养这些具有独特个性和卓越能力的人才，不仅能够为组织注入新鲜血液，增强员工队伍的活力，避免陷入僵化与疲惫，更能激发团队的创新精神，推动组织不断向前发展，实现持续进步与突破。因此，在现代管理中，"弼马温"效应成了衡量组织开放度与包容性的重要标尺，也是推动组织创新与变革的关键力量。

风起于青蘋之末，浪成于微澜之间

正如风起于青蘋之末，孙悟空的奋斗之路也是从一个不起眼的新人职位开始的。他没有因为职位的微小而放弃追求，反而以此为契机，不断磨砺自己，提升能力，最终在天庭乃至整个三界留下了不可磨灭的印记。每一个伟大的成就，都源于微小而坚定的起步。在职场上，无论我们身处何种职位，都应该以一颗敬畏之心，认真对待每一项工作，正是这些看似微不足道的积累，才构成了我们职业生涯的基石，铺就了通往成功的道路。

"不积跬步，无以至千里"，这句古老的谚语，以其深邃的智慧提醒着我们：任何伟大的成就，都始于那些看似微不足道却不可或缺的积累。正如孙悟空在其传奇生涯的初期，曾以"弼马温"这一看似卑微的角色，默默耕耘，积累经验，最终铸就了他在天宫与凡间无人能及的辉煌。这一经历，如同一面镜子，映照出每一个在职场上默默努力、不懈奋斗的身影，激励着我们要珍惜每一个微小的开始，以不懈的努力和坚定的信念提升自己的职业素养，为迎接更好的机会做充分的准备。

职场规则是"紧箍咒"，也是保护圈

❧

近年来，年轻人整顿职场一度成为新的"互联网爽文"。在刚入职场时，许多人往往会对职场上复杂的职场规则及其背后的利益关系感到无所适从。

那么，怎样才能快速适应职场，成功转型为一名优秀的职场人呢？其中至关重要的一点便是"规则适应"——积极接纳职场规则，莫让抵触情绪阻碍自身的进步。

接下来，让我们一同深入探讨，在职场的征途中，如何正确理解和应用这些"紧箍咒"，让它们成为我们成长道路上不可或缺的助力，而非阻碍：

> 行者去解开包袱，在那包裹中间见有几个粗面烧饼，拿出来递与师父。又见那光艳艳的一领绵布直裰[①]，一顶嵌金花帽，行者道："这衣帽是东土带来的？"三藏就顺口儿答应道："是我小时穿戴的。这帽子若戴了，不用教经，就会念经；这衣服若穿了，不用演礼，就会行礼。"行者道："好师父，把与我穿戴了罢。"三藏道："只怕长短不一。你若穿得，就穿了罢。"行者遂脱下旧白布直裰，将绵布直裰穿上，也就是比量着身体裁的一般。把帽儿戴上。
>
> 三藏见他戴上帽子，就不吃干粮，却默默的念那《紧箍咒》一遍。
> 行者叫道："头疼！头疼！"那师父不住的又念了几遍，把个行者疼得打滚，

---

① 直裰（duō）：中国古代的一种传统服饰，其特点在于斜领大袖、四围镶边，且背之中缝直通到底。

抓破了嵌金的花帽。三藏又恐怕扯断金箍，住了口不念。不念时，他就不疼了。伸手去头上摸摸，似一条金线儿模样，紧紧的勒在上面，取不下，揪不断，已此生了根了。他就耳里取出针儿来，插入箍里，往外乱揣①，三藏又恐怕他揣断了，口中又念起来，他依旧生疼，疼得竖蜻蜓，翻筋斗，耳红面赤，眼胀身麻。那师父见他这等，又不忍不舍，复住了口，他的头又不疼了。行者道："我这头，原来是师父咒我的。"三藏道："我念得是《紧箍经》，何曾咒你？"行者道："你再念念看。"三藏真个又念。行者真个又疼，只教："莫念！莫念！念动我就疼了！这是怎么说？"三藏道："你今番可听我教诲了？"行者道："听教了！"——"你再可无礼了？"行者道："不敢了！"

他口里虽然答应，心上还怀不善，把那针儿幌一幌，碗来粗细，望唐僧就欲下手，慌得长老口中又念了两三遍，这猴子跌倒在地，丢了铁棒，不能举手，只叫："师父！我晓得了！再莫念！再莫念！"三藏道："你怎么欺心，就敢打我？"行者道："我不曾敢打。我问师父，你这法儿是谁教你的？"三藏道："是适间一个老母传授我的。"行者大怒道："不消讲了！这个老母，坐定是那个观世音！他怎么那等害我！等我上南海打他去！"三藏道："此法既是他授与我，他必然先晓得了。你若寻他，他念起来，你却不是死了？"行者见说得有理，真个不敢动身，只得回心，跪下哀告道："师父！这是他奈何我的法儿，教我随你西去。我也不去惹他，你也莫当常言，只管念诵。我愿保你，再无退悔之意了。"三藏道："既如此，伏侍我上马去也。"那行者才死心塌地，抖擞精神，束一束绵布直裰，叩背马匹，收拾行李，奔西而进。

扩展阅读：

唐僧为了约束桀骜不驯、神通广大的徒弟孙悟空，特意从观音菩萨处求得了

---

① 揣：不小心碰断或弄断。

一枚"紧箍儿"。曾经大闹天宫、会七十二变的齐天大圣也要受到紧箍咒的束缚。成为唐僧的徒弟后，头上的"紧箍儿"成了他必须遵守的职场"规则"。这紧箍咒，虽然看似是一种束缚。但实际上却是他成长道路上的保护圈，让他学会了自律与服从，也让他更加专注于自己的使命与责任。

正如孙悟空头上的"紧箍儿"，在职场上，那些看似束缚我们自由、令人不悦的"规则"，实则是我们前行的保护圈，是确保团队和谐与个人成长不可或缺的一环。

如何看待"整顿职场"

职场整顿的故事屡见不鲜，这实质上是年轻人对某些职场陈规的挑战，反映出新生代观念与传统职场之间的摩擦。然而，对于当前大多数年轻人而言，比起职场梦想破灭，更为紧迫的问题是当前的就业形势。作为初出茅庐的职场新人，面对不合理的职场规则，一旦情绪上头便直接对抗，往往还未深入了解职场真谛，便已失去了工作机会。探讨职场规则，实质上是在思考应以何种心态和态度去面对这些规则。

在职场这片天地里，每个人都渴望展现自我价值，同时也希望自己处于一个公平、合理的工作环境。有人整顿职场是为了捍卫自己的权益，而有人则是出于一时冲动。但冲动行事并非整顿职场，而是一种对自己和他人都不负责的表现。职场是一个错综复杂且要求严谨的"系统"，其中交织着各种关系和利益，然而，许多新人往往未能及时意识到这一点。而正是因为这些复杂的职场关系，才更需要通过规则的制定与维护来保障公平合理的工作环境。就像孙悟空大闹天宫后，最终仍被规则所限，被压于五行山下，戴上"紧箍儿"既是对其力量的约束，也是为了保障取经路上的安全。

同时，表达个人诉求与遵守职场规则并非水火不容。年轻人"整顿职场"，并非意在颠覆职场，而是渴望打造一个更加健康、互相促进的职场环境。新生代职场人或锋芒毕露，或据理力争，他们所带来的新气象，本就是社会创新与进步的重要推动力量。为了避免理性诉求的声音变成伤害他人的武器，年轻人应保持冷静与克制，避免陷入虚假的"风潮"中，在服从与重塑职场规则的过程中，共同创造出更加优质的职场环境。

无规矩不成方圆

如来佛祖或许早已预料到孙悟空初时桀骜不驯，目空一切，其个性之张扬、行为之放荡，无疑是对传统规矩与秩序的极大挑战。然而，任何强大的个体若不受约束，终将走向失控与毁灭，孙悟空的野性也需要在某种力量的引导下受到控制，菩萨便赐予唐僧紧箍咒来对孙悟空进行约束。紧箍咒是对孙悟空个性的磨砺，也是对其潜力的激发，让他在遵守规矩的同时，能够更好地发挥自身的优势。

紧箍咒的存在，恰似职场中的规则，为我们的行为和发展设定了明确的界限。一旦缺乏规则，职场将陷入无序状态，工作难以顺利进行，效率也将大幅下降。以项目合作为例，若缺乏明确的分工、规定的时间节点等规则，便可能导致任务无人问津、进度一再拖延，最终影响项目的完成质量及公司利益。所谓的"规则"，即要求每个人都需受到一定约束，通过牺牲部分"自由"来维护集体利益，进而确保个体利益得以实现。换言之，规则的存在实则是对我们利益的一种有力保障。

规矩是死的，人是活的

用积极包容的心态接纳和遵守职场的规则是每一个职场新人初入职场的课题。规矩虽为定式，人却充满变数，过分拘泥于规矩，往往适得其反。有人笃信能力至上，这话不无道理，然而在职场的广阔舞台上，单凭能力还远远不够。以三国时期的杨修为鉴，他才华横溢，却因不谙职场潜规则，屡屡触犯曹操的忌讳，最终命丧黄泉。反观司马懿，他深谙隐忍之道，善于审时度势，在曹魏政权的复杂职场中笑到最后。

这足以启示我们，职场规则与个人能力需相辅相成，平衡发展。能力无疑是职场立足之本，但规则与人际关系的妥善处理，则是我们充分发挥能力的坚实后盾。因此，我们不可一味埋头苦干，而应兼顾职场规则与人际交往，方能在职场中稳健前行。

在职场环境中，一旦我们察觉到现行规则存在不合理性，或是某些规定已成为工作效率与创新发展的绊脚石，我们可以适当做出一些思考和改变，积极贡献自己的见解与提案。但请注意，这并非鼓励我们盲目挑战或破坏规则，因为虽然有些规矩显得刻板，但确保了公平与正义的实现。这就要求我们在全面理解与尊重规则的基础之上，以更为理智、高效的方法引领变革，推动进步。

工作中，时间比金钱更重要

～∽•∽～

我们常常陷入两难的抉择和反反复复的犹豫之中。进入职场一段时间后，许多人会发现，我们不仅面临着薪酬不上不下的尴尬局面，还面临着对业务经验、技术水平的重重考验，与此同时，许多企业也越来越浮躁，只关注眼前的利益而不考虑长远的未来。在推动具体的项目进程时，我们可能会在纠结中耗费大量时间，却仍找不到最优解，反而耽误项目进度。面对工作中的突发情况，我们有时会自乱阵脚，在偏离核心问题的方向上越走越远，造成混乱而低效的局面。"时间"始终是职场中的一个关键要素，在师徒西行路上的一次大危机中也充分展现了"时间"的重要性：

　　好猴王，急纵筋斗云，别了五庄观，径上东洋大海。在半空中，快如掣电，疾如流星，早到蓬莱仙境……

　　那行者看不尽仙景，径入蓬莱。正然走处，见白云洞外，松阴之下，有三个老儿围棋：观局者是寿星，对局者是福星、禄星。行者上前叫道："老弟们，作揖了。"那三星见了，拂退棋枰①，回礼道："大圣何来？"……行者道："我们前日在他观里，那大仙不在家，只有两个小童，接待了我师父，却将两个人参果奉与我师。我师不认得，只说是三朝未满的孩童，再三不吃。那童子就拿去吃了，不曾让得我们。是老孙就去偷了他三个，

────────────

① 棋枰：棋盘，棋局。

我三兄弟吃了。那童子不知高低，贼前贼后的骂个不住。是老孙恼了，把他树打了一棍，推倒在地，树上果子全无，桠开叶落，根出枝伤，已枯死了。不想那童子关住我们，又被老孙扭开锁走了。次日清辰，那先生回家赶来，问答间，语言不和，遂与他赌斗；被他闪一闪，把袍袖展开，一袖子都笼去了。绳缠索绑，拷问鞭敲，就打了一日。是夜又逃了，他又赶上，依旧笼去。他身无寸铁，只是把个麈尾遮架。我兄弟这等三般兵器，莫想打得着他。这一番仍旧摆布，将布裹漆了我师父与两师弟，却将我下油锅。我又做了个脱身本事走了，把他锅都打破。他见拿我不住，尽有几分醋我。是我又与他好讲，教他放了我师父、师弟，我与他医树管活，两家才得安宁。我想着'方从海上来'，故此特游仙境，访三位老弟。有甚医树的方儿，传我一个，急救唐僧脱苦。"

三星闻言，心中也闷道："……那人参果乃仙木之根，如何医治？没方，没方。"那行者见说无方，却就眉峰双锁，额蹙千痕。福星道："大圣，此处无方，他处或有，怎么就生烦恼？"行者道："无方别访，果然容易；就是游遍海角天涯，转透三十六天，亦是小可；只是我那唐长老法严量窄，止与了我三日期限。三日以外不到，他就要念那《紧箍儿咒》哩。"……寿星道："大圣放心，不须烦恼。……如今我三人同去望他一望，就与你道达此情，教那唐和尚莫念《紧箍儿咒》……"……

……却表行者纵祥云离了蓬莱，又早到方丈仙山。这山真好去处……

那行者按落云头，无心玩景。正走处，只闻得香风馥馥，玄鹤声鸣，那壁厢① 有个神仙。

……行者道："老孙此来，有一事奉干，未知允否？"帝君道："何事？自当领教。"行者道："近因保唐僧西行，路过万寿山五庄观，因他那小童无状，是我一时发怒，将他人参果树推倒，因此阻滞唐僧，不得脱身，特来尊处求赐一方医治，万望慨然。"……帝君道："我有一粒'九转太

---

① 那壁厢："壁厢"为方位词，意思是"边，旁"，"那壁厢"相当于"那边"，用于指示事物所处的位置。

乙还丹'，但能治世间生灵，却不能医树。树乃水土之灵，天滋地润。若是凡间的果木，医治还可；这万寿山乃先天福地，五庄观乃贺洲洞天，人参果又是天开地辟之灵根，如何可治！无方！无方！"

行者道："既然无方，老孙告别。"帝君仍欲留奉玉液一杯，行者道："急救事紧，不敢久滞。"遂驾云复至瀛洲海岛。也好去处。……

那大圣至瀛洲，只见那丹崖珠树之下，有几个皓发蟠髯①之辈，童颜鹤鬓之仙，在那里着棋饮酒，谈笑讴歌……行者将那医树求方之事，具陈了一遍。九老也大惊道："你也忒惹祸！惹祸！我等实是无方。"行者道："既是无方，我且奉别。"

九老又留他饮琼浆，食碧藕。行者定不肯坐，止立饮了他一杯浆，吃了一块藕，急急离了瀛洲，径转东洋大海。早望见落伽山不远，遂落下云头，直到普陀岩上。见观音菩萨在紫竹林中与诸天大神、木叉、龙女，讲经说法……

菩萨道："悟空，唐僧行到何处也？"行者道："行到西牛贺洲万寿山了。"菩萨道："那万寿山有座五庄观。镇元大仙，你曾会他么？"行者顿首道："因是在五庄观，弟子不识镇元大仙，毁伤了他的人参果树，冲撞了他，他就困滞了我师父，不得前进。"那菩萨情知，怪道："你这泼猴，不知好歹！他那人参果树，乃天开地辟的灵根；镇元子乃地仙之祖，我也让他三分；你怎么就打伤他树！"行者再拜道："弟子实是不知……已允了与他医树。却才自海上求方，遍游三岛，众神仙都没有本事。弟子因此志心朝礼，特拜告菩萨。伏望慈悯，俯赐一方，以救唐僧早早西去。"菩萨道："你怎么不早来见我，却往岛上去寻找？"

行者闻此言，心中暗喜道："造化了！造化了！菩萨一定有方也！"行者又上前恳求。菩萨道："我这净瓶底的'甘露水'，善治得仙树灵苗。"……菩萨分付大众："看守林中，我去去来。"遂手托净瓶，白鹦

① 皓发蟠髯：头发和胡须都已变白。

歌前边巧啭①，孙大圣随后相从。

扩展阅读：

镇元大仙的人参果树属天开地辟之灵根，受天滋地润，珍贵无比，即使是神通广大的孙行者，面对枯死的仙树也无计可施，只得速速出发，上东洋大海，游遍三岛十洲，遍访神仙，寻医治仙树的方子来救回师父和师弟的性命。他急寻三岛均无方得手，随即转向观音菩萨寻求帮助，以诚心换来了甘露水，再一次为师徒四人化解了一次重大危机。

不难发现，这回精彩的故事里处处是"时间"的影子。

🌿 千金难换时间沉淀

人参果树乃镇元大仙之珍宝，历经岁月，承载无数灵气与心血，一朝受损，危在旦夕。镇元子大怒，奈何不了孙悟空后，便扬言油炸唐僧。孙悟空为了让镇元子放掉师父，与其约定能医得树活，他抓住了最关键的任务——复活仙树，便开始马不停蹄地四处奔走。从东洋大海求方，到蓬莱仙境问药，不放过任何一丝希望。他深知，这棵树的价值绝非金银财宝所能比拟，其背后是漫长时间沉淀而成的灵韵。

在尘世职场之中，无论是个人还是企业，都要靠漫长的时间积淀才能走得更远。职场初学者应该沉下心来，做好规划，潜心提高自己的专业技术水平，丰富自己的实战经验，毕竟稳扎稳打的业务实力是再高的薪酬也换不来的；企业不能一味地投入虚无的营销、赚取短期的巨大利润，而是要及时清醒，坚守产品、服务的质量水平，耐心打磨提升核心技术。如此，个人和企业才能在时代巨变中积淀精华，形成自己的独特"灵韵"，成为不可替代的存在。

----

① 巧啭：鸟婉转地鸣叫。

压力下更需敏锐果断

当日与镇元大仙达成活树换人的约定，与三藏定了三日的寻方期限，孙悟空背负着巨大压力。一方面是师父、师弟们的性命悬于一线，另一方面是人参果树这等神物起死回生的艰难挑战。但他并未被压垮，反而迅速抖擞精神，开启行动。他清楚知道，拖延一刻，危险便多一分，于是果断踏上求方之路。在面对诸多复杂信息与选择时，他能精准判断，第一时间奔赴可能有救治之法的仙山福地。每一次与仙人的交谈、对线索的追踪，都尽显其果断决策的智慧。他没有在美酒佳肴前徘徊犹豫，而是直接奔向下一个目标。

于职场而言，项目截止日期迫近、客户要求严苛、各方协调不佳，皆是如山压力。此时，彷徨退缩无济于事，唯有像孙悟空这般，在重压之下保持高度敏锐，迅速厘清思路，果敢出手，抓住解决问题的关键，才能突破困境，守护好自己的项目或客户，开辟出一条生机之路。这，正是孙悟空此番作为给予我们的宝贵职场启示。

以高效化危机

孙悟空争分夺秒拯救人参果一事，着实令人赞叹不已。当人参果树被推倒，镇元大仙盛怒之下，一场危机悄然降临。孙悟空深知事态紧急，没有丝毫犹豫和拖延，迅速展开行动。

他将时间的利用发挥到了极致。每一处奔波都彰显着他对危机的深刻认知和急于化解的迫切心情。在寻找救治之法的过程中，孙悟空没有被困难吓倒，也没有在任何一处地方做无意义的停留，而是马不停蹄地赶往下一处。在三老处寻方无果时，他还借机请三老去三藏处宽限时日。正是这种争分夺秒的高效行动，让他最终寻得观音菩萨这一救星，成功化解了这场可能引发严重后果的危机。不仅救了师父和师弟们，也保住了人参果这一珍稀之物。其高效行事的作风，无疑为解决危机的绝佳范例，让我们看到在紧急关头，迅速且有效的行动是化解危机的关键所在。

积极汇报，在与上级的沟通中找到问题核心

在职场进阶的旅途中，和上司的交流是每位职场人必备的能力。顺畅的沟通既能彰显个人的才干与功绩，也能让我们在领导心中树立深刻的形象，为个人的成长与晋升助力。不过，如何开展有效的交流，并在过程中给领导留下好印象，却是许多人亟待学习和提高的。

在天庭使者功曹化身为普通的樵夫，巧妙地将平顶山妖精的情报传达给了孙悟空后，面对突如其来的威胁，让我们一起来看看孙悟空是如何和团队沟通的：

> 好大圣，全然无惧，一心只是要保唐僧，挣脱①樵夫，拽步而转。径至山坡马头前道："师父，没甚大事。有便有个把妖精儿，只是这里人胆小，放他在心上。有我哩，怕他怎的？走路！走路！"长老见说，只得放怀随行。
>
> 正行处，早不见了那樵夫。长老道："那报信的樵子如何就不见了？"八戒道："我们造化低，撞见日里鬼了。"行者道："想是他钻进林子里寻柴去了。等我看看来。"好大圣，睁开火眼金睛，漫山越岭的望处，

---

① 挣脱：挣脱。

都无踪迹。忽抬头往云端里一看，看见是日值功曹①，他就纵云赶上，骂了几声"毛鬼！"道："你怎么有话不来直说，却那般变化了，演漾老孙？"慌得那功曹施礼道："大圣，报信来迟，勿罪，勿罪。那怪果然神通广大，变化多端。只看你腾那乖巧，运动神机，仔细保你师父；假若急慢了些儿，西天路莫想去得。"

行者闻言，把功曹叱退，切切在心。按云头，径来山上。只见长老与八戒、沙僧，簇拥前进。他却暗想："我若把功曹的言语实实告诵师父，师父他不济事，必就哭了；假若不与他实说，梦着头，带着他走，常言道：'乍入芦圩，不知深浅。'——倘或被妖魔捞去，却不又要老孙费心？……且等我照顾八戒一照顾，先着他出头与那怪打一仗看。若是打得过他，就算他一功；若是没手段，被怪拿去，等老孙再去救他不迟。却好显我本事出名。"正自家计较，以心问心道："只恐八戒躲懒便不肯出头。师父又有些护短。等老孙羁勒他羁勒。"

…………

行者道："师父啊，刚才那个报信的，是日值功曹。他说妖精凶狠，此处难行，果然的山高路峻，不能前进。改日再去罢。"长老闻言，恐惶悚惧，扯住他虎皮裙子道："徒弟呀，我们三停路已走了停半，因何说退悔之言？"行者道："我没个不尽心的，但只恐魔多力弱，行势孤单。'纵然是块铁，下炉能打得几根钉？'"长老道："徒弟呵，你也说得是。果然一个人也难。兵书云：'寡不可敌众。'我这里还有八戒、沙僧，都是徒弟，凭你调度使用，或为护将帮手，协力同心，扫清山径，领我过山，却不都还了正果？"

扩展阅读：

孙悟空保护唐僧取经途中遇到妖精时，孙悟空并不害怕，安慰唐僧只是当地

---

① 功曹：天庭中的小神，他们分别负责年、月、日、时的值守，相当于天界的值班神仙。

人胆小。他用火眼金睛发现日值功曹后，从他口中得知妖精很厉害，但并未直接告诉唐僧，而是打算让八戒先与妖精交战，自己再视情况出手相助。唐僧则希望三个徒弟齐心协力，共同扫清道路。孙悟空和唐僧表现出了不同的思考逻辑，这是他们在角色定位、性格特征及应对策略上的差异，并没有绝对的对错之分。孙悟空的机智和勇敢为团队提供了强大的战斗力，而唐僧的善良与坚持引导着团队前进的方向。在取经的道路上，两者相辅相成，共同应对了各种挑战和困难。

面对妖精的威胁，孙悟空展现出了卓越的领导力和与上级有效沟通的智慧。他并未将妖精的强大直接告诉唐僧，而是根据实际情况作出判断。这启示我们在与上级沟通时，应精准传递关键信息，避免造成不必要的恐慌或误解。同时，也要学会筛选信息，确保传递的内容对决策有实质性帮助。

向上管理的艺术

孙悟空虽不畏惧即将出现的妖精，但以安抚之心稳定唐僧情绪，避免不必要的恐慌。在得知妖精实力强大后，孙悟空并未立即透露详情，而是巧妙布局，计划让八戒先行试探，自己则根据战况灵活支援，这既是对师弟能力的锻炼，也是对局势的精准把控。

卡耐基曾说："在职场生涯的某些关键时刻，你的前程往往掌握在领导的手中。"职场中，能否与上司保持顺畅的沟通，直接关系到你的工作表现及未来发展。因此，掌握向上沟通的技巧显得尤为重要。有效的向上沟通，不仅能构建和谐的职场关系，更能为你的职业晋升和工作效率插上翅膀。"我若把功曹的言语实实告诵师父，师父他不济事，必就哭了"，正如孙悟空根据唐僧的性格做出相对应的策略安排，在职场中，面对不同领导风格的上司，我们应学会灵活应对，采取最适合的沟通方式。

我们常常期望上司能够更多地洞悉我们的心意，比如对职业发展的追求和对不同工作内容的兴趣。然而现实却是，我们往往忽略了从上司的角度去理解他们所承受的压力和挑战。为了实现协同合作与高效的工作，下属不应仅仅期待上司的关怀，而应更加主动地理解上司。这样的换位思考，有助于构建更加和谐与高效的工作环境。

🦋 报告与反馈：都是为了有效沟通

在职场的沟通与协作中，与上级的有效沟通无疑是一项至关重要的技能。要实现这一目标，需要先明确自己的工作目标，并确保与上司的目标保持一致。这是沟通的基础，也是确保双方在同一频道上对话的前提。只有当我们明确了自己的职责与期望，才能有针对性地开展工作，避免无谓的误解与冲突。

在孙悟空保护唐僧取经途中遭遇妖精的情节中，我们看到了报告与反馈在职场（团队）有效沟通中的重要性。孙悟空作为团队中的核心成员，选择以安抚的方式稳定唐僧的情绪，避免不必要的恐慌，这本身就是一种有效的情感反馈，旨在维护团队的和谐与稳定。这是建立在他足够了解自己与唐僧的基础上，寻求到的既可以配合唐僧，又可以保持自身特色的平衡点。他既不盲目地服从唐僧，也不僵化地坚持做自己，而是在充分尊重和理解唐僧的基础上，巧妙地结合个人特点，充分发挥个人优势，用自己的长处去填补唐僧的短板。

🦋 建立良好的互信关系

在唐僧与孙悟空的取经路上，互信是他们维系良好关系的核心。下属孙悟空愿意对上级唐僧表达自己的意见与想法，这建立在深厚的信任和尊重之上，从而加深了彼此的关系。同样，唐僧对孙悟空的信任也源于对其能力的认同。面对无法满足期望的情况，孙悟空选择坦诚沟通，明确阐述并提出解决方案，展现解决问题的决心。信守承诺和保持透明度，则是他们增进信任的关键，使唐僧对孙悟空的决策和行动更加放心。我们通读整个《西游记》的故事可以发现，当唐僧与孙悟空互信关系较为稳健的时候，面对危机时团队是较为可靠的。比如协力借芭蕉扇、共渡通天河等。但是当互信关系产生裂痕，取经团队就会面临分散的危机。比如三打白骨精等。我们可以看出这种互信关系，是取经路上协同合作、高效前行的基石。

掌握与上级沟通的技巧是一个循序渐进的过程，它要求我们在实践中不断磨炼与探索。唯有通过应对职场中更加实际且复杂的挑战，逐步累积经验，员工方能更透彻地领悟如何在多样化的情境下灵活运用向上管理的策略与手段，进而更加自如地推动个人的职业生涯发展。

持续学习，才能凸显自我

❧

当今职场已远非昔日般平静。技术的飞跃、市场的动荡，以及客户需求的日新月异，持续驱动着职场环境的演变。面对这样的情境，一旦我们驻足不前，便极易被时代的洪流所淹没。正因如此，我们必须维持高度的警觉与洞察力，紧密跟踪职场动态，确保能够灵活调整自身的职业路径与策略，以适应不断变化的时代需求。

让我们一同回顾孙悟空的这段同车迟国三妖的斗法经历，看看他是如何凭借不懈的学习与探索，从美猴王一步步成长为斗战胜佛的：

国王道："这和尚是有鬼神辅佐！怎么道士入柜，就变做和尚？纵有待诏跟进去，也只剃得头便了，如何衣服也能趁体，口里又会念佛？——国师啊！让他去罢！"

虎力大仙道："陛下，左右是'棋逢对手，将遇良材。'贫道将钟南山幼时学的武艺，索性与他赌一赌。"国王道："有甚么武艺？"虎力道："弟兄三个，都有些神通。会砍下头来，又能安上；剖腹剜心，还再长完；滚油锅里，又能洗澡。"国王大惊道："此三事都是寻死之路！"虎力道："我等有此法力，才敢出此朗言，断要与他赌个才休。"那国王叫道："东土的和尚，我国师不肯放你，还要与你赌砍头剖腹，下滚油锅洗澡哩。"

行者正变作蟭蟟虫①，往来报事，忽听此言，即收了毫毛，现出本相，哈哈大笑道："造化！造化！买卖上门了！"八戒道："这三件都是丧性命的事，怎么说买卖上门？"行者道："你还不知我的本事。"八戒道："哥呵，你只像这等变化腾那也够了，怎么还有这等本事？"行者道："我呵：

砍下头来能说话，剁了臂膊打得人。

铡去腿脚会走路，剖腹还平妙绝伦。

就似人家包匾食②，一捻一个就囫囵。

油锅洗澡更容易，只当温汤涤垢尘。"

……行者上前道："陛下，小和尚会砍头。"国王道："你怎么会砍头？"行者道："我当年在寺里修行，曾遇着一个方上禅和子，教我一个砍头法，不知好也不好，如今且试试新。"国王笑道："那和尚年幼不知事。砍头那里好试新？头乃六阳之首，砍下即便死矣。"虎力道："陛下，正要他如此，方才出得我们之气。"那昏君信他言语，即传旨，教设杀场。

扩展阅读：

在这一回中，孙悟空与虎力大仙、鹿力大仙和羊力大仙进行斗法。在斗法过程中，孙悟空运用了自己的七十二变，还向八戒和沙僧展示了砍头、剖腹、下滚油锅等新技能。最终，他成功破除了妖精的法术，渡过难关，还得到了车迟国国王的宴请。孙悟空在车迟国与三妖斗法时展现出的智慧与勇气，每一次都证明了他法术的高强与灵活，这离不开当年他学习法术时的坚持不懈。

这次的情节启示我们，在纷繁复杂的职场环境中迅速找到自己的立足之地、实现自我价值的关键在于"持续学习，勇于进取"——这不仅是个人成长的秘诀，也是职场进阶的绝佳途径。孙悟空的每一次胜利，都离不开他对自身能力的不断锤炼和对未知领域的勇敢探索。同样，在职场中，我们也应该树立终身学习的理念，

---

① 蟭蟟虫：一种体形极小、难以察觉的昆虫。

② 包匾食：包饺子的过程或者行为。

不断挑战自我，勇于跳出舒适区，以更加开放的心态和更加灵活的思维方式，去应对职场中的各种挑战和机遇。

不断学习，为自己加"码"

每一次与妖精的较量，都会让孙悟空对一个问题的理解越来越深，即个人的力量再强大也始终无法战胜一切。于是，他逐渐意识到自己个性的不足，也在一次次磨炼当中学会了将狂妄收起来，潜心寻求他人合作。这种"不断学习，为自己加'码'"的态度，正是我们在职场生涯中应当秉持的宝贵品质。"学无止境，气有浩然。"孙悟空之所以能够在最后获得"斗战胜佛"的称号，正是因为他从不甘于失败，不断在取经道路上反思自我，最后求得真知。同样，在职场中，我们也应该像孙悟空一样，保持一颗永远学习的心，面对挑战时勇于探索未知，不断学习新的技能与知识。

在职场上，持续保持学习的内在驱动力以及饱满热情，对于个人职业发展路径的规划与个人成长进程的推进，均起着至关重要的作用。鉴于科技的日新月异与行业环境的迅速变迁，持续学习已成为职场人士不可或缺的核心竞争力。然而，在紧凑的工作日程与繁忙的生活节奏中，如何持续激发并保持这份学习的热情与动力，成为我们面临的一大挑战。

为自己确立清晰的学习目标和职业规划是持续学习的一个好的开始。我们可以通过研究所在行业的未来趋势和需求，并结合个人兴趣和专长，来制订长期及短期的学习计划。明确的目标能指引学习方向，激发内在动力。同时，保持对知识的探索渴望与求知热忱，是持续学习的关键所在，试着将学习内容与个人兴趣相融合，发现学习的乐趣；紧跟行业前沿动态和热点，激发探索的热情。此外，要不断拓展知识边界，进行跨界学习，保持对新事物的好奇和敏锐。要合理规划工作与学习时间，确保每天都有固定的学习时间，通过形成良好的学习习惯，让学习融入日常生活，从而更为轻松地保持学习的热情。

学如逆水行舟，不进则退

那句略显尖锐的网络流行语——"时代悄然离去，无声告别"，一针见血地指出了紧跟时代步伐的迫切性。在职场的漫长旅程中，一旦我们停下脚步，就意味着在不知不觉中开始倒退。为此，我们必须始终怀揣对新事物的好奇心和探索精神，无论是对新兴技术的快速掌握，还是对管理理念的不断更新，都应成为我们持续学习、不断进步的重要内容。

正如谚语所言，"学如逆水行舟，不进则退"。孙悟空与他的伙伴们，在西行取经的征途上，若未能持续学习、不断自我提升，恐怕难以跨越重重难关，战胜那些看似不可能的挑战。每一次与妖魔鬼怪的斗智斗勇，都是对他们知识、技能与智慧的考验。孙悟空的成长轨迹，是对"不进则退"这一道理的最佳诠释。他从初出茅庐的石猴，成长为能够独当一面的齐天大圣，再到最终修成正果的斗战胜佛，每一步都离不开对武艺、法术的不断学习。面对九九八十一难，孙悟空没有选择放弃，而是勇于挑战，不断在磨砺与困难中战胜过去的自己，这不仅是对外界变化的适应，更是对自我潜能的深度挖掘与超越。

因此，无论是在职场的长跑中，还是在人生的旅途中，持续学习意味着我们始终保持着对未知世界的好奇与探索，不断拓宽视野，深化认知，提升能力。它使我们能够紧跟时代的步伐，把握行业的脉搏，确保自己不会在日新月异、瞬息万变的时代洪流中迷失方向，更不会因故步自封、停滞不前而被时代所淘汰。相反，通过持续学习，我们能够不断汲取新知，激发潜能，让自己以更加饱满的热情与更加坚定的步伐，向着更高更远的目标迈进。

藏器于身，待时而动

在鹿力大仙提出要和孙悟空比拼砍头、剖腹、下滚油锅的本领时，八戒第一反应是这些事情危及性命，担心孙悟空，而孙悟空的本领到此时就派上了用场。他的金刚不坏之身，此时发挥出了重要的作用。孙悟空本领着实非凡，其七十二变之术精妙绝伦，令妖精难以分辨；筋斗云之能更是神通广大，一跃便能跨越十万八千里之遥。昔时他也会因为自己的本领而扬扬自得，可是在漫漫取经的路途中，他逐渐收起锋芒，学会了藏器于身，待时而动。

在人生的漫长旅途中，我们无时无刻不在经历着自我质疑与自我肯定的交织过程。过度的自我肯定，如同脱缰的野马，容易使人陷入狂妄自大的泥潭，忽视外界的反馈与自身的不足；而持续的自我否定，则如同无形的枷锁，会逐渐消磨人的意志，滋生自卑情绪，让人在自我怀疑中迷失方向。职场上的佼佼者，皆擅长审视并提升自己：他们言辞得体，善语慰人心；懂得韬光养晦，静待良机；灵活应变，故而所向披靡。在人生的每一个阶段皆需怀谦逊坚韧之心，不盲目自满，亦不过度自贬，于自省精进中，无畏奔赴璀璨前程。

在与三妖的斗法中，孙悟空凭借平日里的深厚功底，无论是变化之术、法术对决，还是智慧较量，都游刃有余，从容不迫。他的每一次出手，都精准而有力，充分展现了他在修行中所积攒的深厚经验。这些经验和法术，就像是他随身携带的宝藏，关键时刻被一一取出，发挥了至关重要的作用。

缺乏准备：凡事都要做好准备方案

❧

古语有"晴天修屋顶，雨天好安身"的说法，意思就是在晴天的时候修理好房屋屋顶，下雨的时候就不会因为漏雨而焦灼，强调要未雨绸缪。转移到个人成长和职业发展上，就是看个人是否具备居安思危、提前做准备的能力。是否有职业危机意识，决定了一个人职场之路能否顺遂、行稳且登峰。职场就像是一个没有硝烟的战场，在每一天都有新变化的信息时代中更是如此。如果没有提前做好准备，会让我们故步自封、不思进取，遇到紧急情况时就会手忙脚乱，错失最优的解决机会。《西游记》中孙悟空为了保护唐僧免受妖精侵扰，精心画下一个保护圈，然而唐僧却没有对即将到来的危机做好准备与安排。

三藏道："既不可入，我却着实饥了。"行者道："师父果饥，且请下马，就在这平处坐下，待我别处化些斋来你吃。"三藏依言下马。八戒采定缰绳，沙僧放下行李，即去解开包裹，取出钵盂①，递与行者。行者接钵盂在手，分付沙僧道："贤弟，却不可前进。好生保护师父稳坐于此，待我化斋回来，再往西去。"沙僧领诺。行者又向三藏道："师父，这去处少吉多凶，切莫要动身别往。老孙化斋去也。"唐僧道："不必多

---

① 钵盂：一种用来化斋的食器。

言，但要你快去快来。我在这里等你。"行者转身欲行，却又回来道："师父，我知你没甚坐性，我与你个安身法儿。"即取金箍棒，幌了一幌，将那平地下周围画了一道圈子，请唐僧坐在中间，着八戒、沙僧侍立左右，把马与行李都放在近身，对唐僧合掌道："老孙画的这圈，强似那铜墙铁壁。凭他甚么虎豹狼虫，妖魔鬼怪，俱莫敢近。但只不许你们走出圈外，只在中间稳坐，保你无虞；但若出了圈儿，定遭毒手。千万，千万！至祝，至祝①！"三藏依言，师徒俱端然坐下。

············

却说唐僧坐在圈子里，等待多时，不见行者回来，欠身怅望道："这猴子往那里化斋去了！"八戒在旁笑道："知他往那里耍子去来！化甚么斋，却教我们在此坐牢！"三藏道："怎么谓之坐牢？"八戒道："师父，你原来不知：古人划地为牢。他将棍子划个圈儿，强似铁壁铜墙，假如有虎狼妖兽来时，如何挡得他住？只好白白的送与他吃罢了。"三藏道："悟能，凭你怎么处治。"八戒道："此间又不藏风，又不避冷。若依老猪，只该顺着路，往西且行。师兄化了斋，驾了云，必然来快，让他赶来。如有斋，吃了再走。如今坐了这一会，老大脚冷！"

三藏闻此言，就是晦气星进宫，遂依呆子，一齐出了圈外。沙僧牵了马，八戒担了担，那长老顺路步行前进。不一时，到了那楼阁之所，原来是坐北向南之家。门外八字粉墙，有一座倒垂莲升斗门楼，都是五色妆的。那门儿半开半掩。八戒就把马拴在门枕石鼓上。沙僧歇了担子。三藏畏风，坐于门限②之上。八戒道："师父，这所在想是公侯之宅，相辅之家。前门外无人，想必都在里面烘火。你们坐着，让我进去看看。"唐僧道："仔细耶！莫要冲撞了人家。"呆子道："我晓得。自从归正禅门，这一向也学了些礼数，不比那村莽之夫也。"

———

① 祝：同"嘱"。
② 门限：指门槛。

扩展阅读：

孙悟空通过画圈来保护唐僧免受妖精侵扰，这一行为是对预防措施的深刻体现。然而，故事的关键转折在于唐僧未能守住心性之定，因轻信猪八戒之言，贸然踏出安全之境，终致落入妖精之手。此一事端，不仅彰显了心性不定之弊，更警示世人，唯有坚守内心澄明，方能行稳致远。

在职场新人的角色中，这一故事有着尤为重要的启示。初入职场，面对复杂多变的工作环境与人际关系，正如唐僧师徒西行路上的种种考验，每一步都需谨慎而行。孙悟空的画圈行为，象征着我们在工作中预先设定的规则、流程或安全网，它们是保护我们免受外界干扰而作出错误决策的重要屏障。但正如唐僧所经历的，仅仅依靠外在的安全措施是不够的，个人内心的平和与警觉同样不可或缺。

🐾 机会是留给有准备的人

职场新人应当学会，在接手任务或面对挑战之前，不仅要参考团队提供的支持和指导（如同孙悟空的保护），更要学会自我提升，学会独立思考，评估风险，制订个人行动计划。这意味着要深入研究项目细节，了解潜在问题，并准备好应对方案。只有这样，才能在面对诱惑、压力或不确定因素时，保持定力，不轻易偏离既定的安全轨道。在职业生涯的起跑线上，凡事预则立，不预则废。做好充分的准备，不仅是对自己负责，也是对团队和项目的满怀热忱与贡献。让我们从唐僧的经历中汲取教训，以更加稳健和周全的姿态，迎接职场上的每一次挑战。

我们需要做的不止于设定宏伟的目标与制订详尽的计划，更为关键的是，我们需要培育出坚如磐石的执行力与卓越的自我管理能力。这样的能力，如同孙悟空手中的金箍棒，能在机遇之门豁然开启的瞬间，助我们以最佳姿态跃入挑战之中，确保我们不会错失任何一个可能改写命运轨迹的宝贵机会。正如那段经典的取经故事所深刻揭示的，职场中的每个人，都仿佛置身于西行路上的师徒四人之中，面对的是同样复杂多变、充满诱惑与挑战的环境。在这里，真正的胜利与成功，并非仅仅取决于你是否拥有超凡脱俗的才华与能力，更在于你是否能够把握住每一个细微之处，是否能在纷繁复杂的局面中坚守住自己的初心与目标。

在职场的竞技场上，机会总是偏爱那些有准备、有执行力且能够坚守自己信念的人。他们懂得，成功往往隐藏在那些看似平凡却又至关重要的细节之中，而正是对这些细节的精准把握，最终写成了他们职业生涯中的辉煌篇章。因此，我们在职场的道路上，不仅要做梦想的规划者，更要做行动的巨人，用坚定的执行力与出色的自我管理能力，为自己铺设一条通往成功的坚实道路。无论前方是荆棘密布还是风雨交加，只要我们心怀信念，脚踏实地，就一定能够把握住每一个机遇，创造出属于自己的辉煌成就。

职场上的"圈子"：机遇与挑战并存

悟空为师父唐僧划定一方看似简易却至关紧要之"净地"。此"净地"，于唐僧而言若能守得心中澄明，安于这方寸之间，唐僧便可避开妖邪暗算，确保征途平稳无阻。然而，现实往往充满变数，猪八戒的蛊惑与孙悟空的久去无回，使唐僧内心进行了一场激烈斗争，考验着他的定力与判断力。

将这一情节映射至现今职场，我们不难发现，机遇与挑战总是如影随形，互为依存。在职场上，每个人都在追求属于自己的"圈子"——那个象征着安全、稳定与机遇的领域。它可能是我们精心策划的项目，也可能是我们为之奋斗的职业目标。从当下社会发展的视角审视，无论是数字化转型的浪潮汹涌，人工智能技术的日新月异，还是远程办公模式的全面普及，都为职场人士带来了前所未有的机遇与前所未有的挑战。这些新兴趋势，就如同孙悟空那神奇的圆圈，既为职场探索者提供了必要的保护与方向指引，也暗藏着未知的风险与难以抗拒的诱惑。这个"圈子"，绝非一成不变的避风港，而是一个充满活力、变幻莫测的竞技场，要求我们在享受机遇的同时，勇敢地面对挑战，不断提升自我，以适应这个快速变化的世界。

在这个过程中，机遇与挑战并存，它们既是对我们能力的考验，也是促进我们成长的宝贵财富。

学会沟通与交流，不做盲目的准备

唐僧未能充分理解孙悟空的意图，或更准确地说，没有进行有效的沟通与确认，便轻易在猪八戒的蛊惑下走出了圈子，最终陷入危险之中。这一故事，深刻揭示了现今职场中一个常被忽视的主题：沟通与交流，不做盲目的准备。

在职场的广阔天地里，我们如同行走于取经路上的行者，时刻面对着各式各样的任务与挑战，为面对这些挑战做准备正如孙悟空需为唐僧安全做出那些周密部署一般。然而，仅仅制订出周密的计划与安排，并不能确保任务的圆满成功，其核心与精髓在于能否确保这些关键信息在团队内部得到准确无误的传递与接收。正如唐僧所经历的，如果孙悟空能在画圈之前，更清晰地解释其重要性，或者唐僧能主动询问并理解这一举动的意义，或许就能避免自己被妖精抓走。

远程办公模式的兴起，虽然打破了物理空间的限制，却也在无形中加剧了沟通障碍与信息不对等的问题。项目管理中的每一个细节，从任务分配、进度跟踪到风险评估，都需要团队成员之间保持高度的透明与有效的沟通。我们不应局限于表面指令传达与简单任务布置，而要构建基于深度交流与即时反馈的沟通体系。每个团队成员都应主动承担起沟通的责任，确保自己不仅理解了任务的目标与要求，还能清晰地向他人传达自己的见解与需求。通过定期的团队会议、即时通信工具，以及面对面的深入交流，我们可以有效减少误解与冲突，增强团队的凝聚力与创造力。

当每个人都能够站在同一高度，共享信息，共同决策时，我们便能以更加默契配合，共同应对职场上的各种挑战，携手开创更加辉煌的未来。

此外，培养一种开放和包容的沟通文化也至关重要。鼓励团队成员勇于表达自己的想法。这样的环境能够促使多样化的思维碰撞，发现潜在的问题，促进解决方案的诞生。同时，定期的团队会议和进度汇报，可以确保信息的及时更新和共享，让每个人都处在同一信息层面上，协同合作，高效推进项目。只有这样，我们才能在复杂多变的职场环境中，稳健前行，共创辉煌。

团队作战，策略为先：不要想得太多，做得太少

慧眼识人：学会辨别对自己有用的人

孙悟空在太上老君的炼丹炉中历经烈火焚烧，却意外炼就了火眼金睛。这双火眼金睛，让孙悟空在取经路上能够迅速识别妖魔鬼怪，保护师徒四人免受伤害，是孙悟空最重要的战斗力。

在职场中，我们该如何像孙悟空一样，拥有一双"火眼金睛"，学会辨别那些对自己有用的人呢？这不仅需要我们具备敏锐的洞察力，更需要对人性有深刻的理解、熟悉与掌握职场规则。在纷繁复杂的人际关系中，如何找到那些能够成为我们职场导师、合作伙伴甚至是知己的人，从而在职业生涯中少走弯路，更快地实现个人价值与梦想呢？

接下来，让我们一同走进孙悟空的世界，从他的火眼金睛中汲取智慧，学会在职场中"慧眼识人"，为自己的职业发展铺就一条更加宽广的道路。

话表齐天大圣被众天兵押去斩妖台下，绑在降妖柱上，刀砍斧剁，枪刺剑刳，莫想伤及其身。南斗星奋令火部众神，放火煨烧，亦不能烧着。又着雷部众神以雷屑钉打，越发不能伤损一毫。那大力鬼王与众启奏道："万岁，这大圣不知是何处学得这护身之法，臣等用刀砍斧剁，雷打火烧，一毫不能伤损，却如之何？"玉帝闻言道："这厮这等，这等，如何处治？"

太上老君即奏道："那猴吃了蟠桃，饮了御酒，又盗了仙丹，——我那五壶丹，有生有熟，被他都吃在肚里，运用三昧火，煅成一块，所以浑做金钢之躯，急不能伤。不若与老道领去，放在八卦炉中，以文武火煅炼。炼出我的丹来，他身自为灰烬矣。"玉帝闻言，即教六丁六甲将他解下，付与老君。老君领旨去讫。一壁厢宣二郎显圣，赏赐金花百朵，御酒百瓶，还丹百粒，异宝、明珠、锦绣等件，教与义兄弟分享。真君谢恩，回灌江口不题。

那老君到兜率宫，将大圣解去绳索，放了穿琵琶骨之器，推入八卦炉中，命看炉的道人，架火的童子，将火扇起煅炼。原来那炉是乾、坎、艮、震、巽、离、坤、兑八卦。他即将身钻在"巽宫"位下。巽乃风也，有风则无火。只是风搅得烟来，把一双眼熵①红了，弄做个老害病眼，故唤作"火眼金睛"。

真个光阴迅速，不觉七七四十九日，老君的火候俱全。忽一日，开炉取丹。那大圣双手侮②着眼，正自揉搓流涕，只听炉头声响。猛睁睛看见光明，他就忍不住，将身一纵，跳出丹炉，唿喇一声，蹬倒八卦炉，往外就走。慌得那架火、看炉与丁甲一班人来扯，被他一个个都放倒，好似癫痫的白额虎，风狂的独角龙。老君赶上抓一把，被他一摔，摔了个倒栽葱，脱身走了。即去耳中掣出如意棒，迎风幌一幌，碗来粗细，依然拿在手中，不分好歹，却又大乱天宫，打得那九曜星闭门闭户，四天王无影无形。

扩展阅读：

孙悟空于太上老君的八卦炉中炼就一双火眼金睛，不仅让他能够识破千变万化的妖魔鬼怪，还赋予了他可以洞察人心、辨别真伪的本领。在取经路上，孙悟空凭借这双火眼金睛，屡次识破妖精的伪装，保护师父免受伤害。无论是狡猾的白骨精，

① 熵（chǎo）：熏的意思。
② 侮：这里同"捂"。掩住、遮住、按住的意思。

还是诡计多端的黄袍怪，都未能逃脱他那锐利目光的审视。火眼金睛，不仅是他战斗的武器，更让他在复杂多变的取经路上，总能保持清醒的判断，引领团队前行。

在工作与职场中，我们同样需要一双慧眼，去辨别真伪，识别善恶，引领自己走向正确的道路。职场中的人形形色色，美丽的外表下心灵如何，往往不是一朝一夕就能看出来的。当我们遇到职场选择时，容易陷入纠结，一旦选择出错，可能影响的是整个职业生涯。因此，在纷繁复杂的职场中，我们要保持清醒的头脑，认真作出每一个选择。

透过现象看本质

眼睛，乃观察路径、辨识万物之窗。尽管世人大多拥有明亮的双眸，能审视周遭，然而对于同一事物，各人之眼所见却大相径庭。有人目视而无所觉，有人目睹而未能识，有人未见却心有灵犀，有人只见局部而忽视整体，有人拘泥于表象，有人则能洞察本质。这些差异，既是观察能力的体现，也是观察层次的不同展现。《孙子兵法》中"举秋毫不为多力，见日月不为明目"，意在强调观察力与洞察力之重要。

不只是《西游记》，和氏璧的故事中也有"看"不透玉，把稀世珍宝"看"成普通的石头的情节，和"看"不透人，把忠贞之人"看"成欺君之徒的情节。我们在职场中也经常碰到这种情况，同一件事，不同级别、不同能力的员工，对事情的看法也不一样。但是无论是自身发展还是企业管理，都需要我们看得清、看得远，拥有属于自己的火眼金睛，透过现象看到本质。

识人有术

作为一个成熟的职场人，掌握人际关系是必不可少的技能。在提升个人能力的同时，也需精心培养职场关系，二者相辅相成，缺一不可。所谓的"识人"，并非仅仅指"认识、结识他人"，而是指"辨别、洞察人心"。若将职场识人视为易事，那便大错特错了。在职场上，要合理应对他人、化解冲突，识人是所有策略的基础。若不能识破对方表象、洞悉其策略，仅凭本能或善意行事，必将在职场中受挫。

因此，在这复杂多变的职场环境中，识人辨世就像孙悟空修炼的内功心法，是行走职场的必备能力。要在职场中屹立不倒，不仅要有出色的专业技能，更需具备洞察人心的"火眼金睛"。细节，常常能反映出人的真实想法与情绪。在职场中，要想洞悉人心，首要的是学会观察细节。尽管细节观察无法百分之百准确判断人的性格和想法，但至少能让你在人际交往中多一份警觉与准备。同时，职场中每个人都有自己的利益诉求与动机，要想洞悉他人的动机与意图，就必须学会利益分析。

识人辨世是一项需不断学习和实践的技能。在与他人交往后，应及时总结经验与教训，思考哪些做法有效、哪些需要改进，以及如何更好地应对类似情境。通过不断反思与优化交往方式，逐步提升识人辨世的能力。

玉汝于成，功不唐捐

孙悟空那双洞若观火、辨识妖魔的"火眼金睛"，无疑是他众多神通中最具标志性的一项。这双慧眼并非天生，而是由太上老君炼丹炉中七七四十九日的烈火熬炼而成。孙悟空在熊熊烈焰中不仅未被摧毁，反而因祸得福，炼就了这一双能透视虚幻、识破伪装的神眼。

无论天赋如何，真正的技能与智慧，都需在实践的熔炉中反复锻造，方能熠熠生辉，而实践则是技能提升的核心驱动力。在工作中，我们应积极主动地去迎接更多挑战，通过实践来磨砺并提升我们的专业技能。此外，我们还应养成总结经验教训的习惯，不断审视自己的工作方式和方法，以发现不足并进行相应的改进。通过这样的实践过程，我们不仅能够积累宝贵的经验，还能有效地提升自己的实践能力和工作效率。正如孙悟空炼就一双火眼金睛所展示的，每一份付出都不会白费，每一次挑战都是成长的契机。玉汝于成，意味着只有经历艰难困苦，方能成就一番事业；功不唐捐，则强调了所有努力与汗水，终将化为成功的基石。

在人生的旅途中，我们也应怀揣这样的信念，勇于面对挑战，不畏艰难。每一次失败都是通往成功的路径，每一次努力都是对自己潜力的挖掘。正如孙悟空在炼丹炉中的煎熬，最终铸就了他的火眼金睛，我们的每一次实践与努力，也将点亮我们内心的明灯，指引我们前行。让我们以坚定的信念、不懈的努力，去迎接每一个挑战，创造属于自己的辉煌。

借力打力：巧妙利用职场资源

~~~◦◦~~~

作为实习生，初入职场，你是否在面对导师或领导时感到有些胆怯？是否常常觉得自己难以参与到讨论中，认为只需等待上司作出决定，自己默默执行任务就好？非也。埋头苦干固然重要，但懂得适时地展现自己，主动提升在团队中的"可见度"则更为关键。在职业生涯的初期，不妨学会"借力"，通过各种方式积极主动地把握机会，尝试将更多的主动权掌握在自己手中。我们不妨和孙悟空一起在收复金角大王的故事中看看"借力打力"的应用吧。

那老魔见伤了他老舅，丢了行者，提宝剑，就劈八戒，八戒使钯架住。正赌斗间，沙僧撞近前来，举杖便打。那怪抵敌不住，纵风云往南逃走，八戒、沙僧紧紧赶来。大圣见了，急纵云跳在空中，解下净瓶，罩定老魔，叫声："金角大王。"那怪只道是自家败残的小妖呼叫，就回头应了一声，嗖的装将进去，被行者贴上"太上老君急急如律令奉敕"的帖子。只见那七星剑坠落尘埃，也归了行者。八戒迎着道："哥哥，宝剑你得了，精怪何在？"行者笑道："了了！已装在我这瓶儿里也。"沙僧听说，与八戒十分欢喜。

当时通扫净诸邪，回至洞里，与三藏报喜道："山已净，妖已无矣，请师父上马走路。"三藏喜不自胜。师徒们吃了早斋，收拾了行李、马匹，奔西找路。

正行处，猛见路旁闪出一个瞽者，走上前扯住三藏马，道："和尚，那里去？还我宝贝来！"八戒大惊道："罢了！这是老妖来讨宝贝了！"行者仔细观看，原来是太上李老君，慌得近前施礼道："老官儿，那里去？"那老祖急升玉局宝座，九霄空里伫立，叫："孙行者，还我宝贝。"大圣起到空中道："甚么宝贝？"老君道："葫芦是我盛丹的，净瓶是我盛水的，宝剑是我炼魔的，扇子是我搧火的，绳子是我一根勒袍的带。那两个怪：一个是我看金炉的童子，一个是我看银炉的童子。只因他偷了我的宝贝，走下界来，正无觅处，却是你今拿住，得了功绩。"大圣道："你这老官儿，着实无礼。纵放家属为邪，该问个铃属不严的罪名！"老君道："不干我事，不可错怪了人。此乃海上菩萨问我借了三次，送他在此托化妖魔，看你师徒可有真心往西去也。"大圣闻言，心中作念道："这菩萨也老大悫懒！当时解脱老孙，教保唐僧西去取经，我说路途艰涩难行，他曾许我到急难处亲来相救，如今反使精邪掯害。语言不的，该他一世无夫！——若不是老官儿亲来，我决不与他，既是你这等说，拿去罢。"那老君收得五件宝贝，揭开葫芦与净瓶盖口，倒出两股仙气，用手一指，仍化为金、银二童子，相随左右。只见那霞光万道。噫！缥缈同归兜率院，逍遥直上大罗天。

扩展阅读：

葫芦、净瓶、宝剑、扇子和绳子都是太上老君的宝贝，孙悟空采用智取的方式，从妖精手上骗到这些宝贝，获得了原本属于妖精的优势装备，还将这些宝贝归还给太上老君，避免了后续的麻烦。

借力打力是太极拳的技法，在职场中可以理解为，通过一些场合或人来解决问题。其价值在于，这是一个促进问题解决的思路。与上司或者同事结盟时，通过有效的手段、合理的方式和及时的沟通，建立一种良好的关系，尽可能发挥自身优势，把工作重心从"把事做正确"向"正确地做事"迁移。

洞察局势，判别可借之力

面对金角大王这一强劲对手，孙悟空并未鲁莽行事，而是巧妙地通过变化之术，潜入敌营，这一举动体现了他对局势的深刻洞察。他明白，硬碰硬只会两败俱伤，而智取则能事半功倍。在成功骗取宝物后，孙悟空并未立即使用，而是继续运用计谋，假意示弱，诱敌深入，这更是他精准把握对手心理的体现。他知道，真正的力量不仅仅来源于自身的武力，更来源于对局势的精准判断和对对手的精准拿捏。在关键时刻，孙悟空巧妙地运用了从敌人手中骗来的宝物，将这些原本属于敌人的武器转化为自己的力量，反败为胜。这一过程，不仅展现了他出色的战术执行能力，更凸显了他对局势的深刻洞察和精准判别可借之力的能力。

在运用"借力打力"的策略时，首要步骤是透彻理解问题的本质及其根源，并找寻多样化的解决方案。"借力打力"绝非逃避问题，而是通过另一种方式促进问题的解决。我们需要清晰地界定自己的需求与目标，明确自己需要何种类型的帮助，并识别出能够提供这些帮助的个体或资源，进而实现精准借力。

对手也是"资源"

在职场上，我们往往将对手视为纯粹的竞争者，而忽视了他们身上可能存在的资源与价值。然而，孙悟空的故事告诉我们，对手同样可以是我们前进道路上的助力。关键在于，我们是否能够敏锐地识别出对手的弱点与可利用之处，并将其转化为自己的力量。

孙悟空凭借他那变化无穷的法术，巧妙地对金角大王施展计谋，成功骗取其珍贵的宝物。这一举动，不仅彰显了孙悟空超凡的智慧与过人的胆识，更深层次地反映了他对对手资源的精准判别与巧妙利用。他能够洞察金角大王的弱点，利用对方的贪婪与轻敌之心，将对方的宝物化为己用，这种策略性的思维与强执行力，无疑是我们在职场上应当学习与借鉴的典范。

在职场上，我们也应该学会从对手身上寻找可借之力，无论是他们的专业技能、人脉资源，还是他们处理问题的方法与思路，都可能成为我们提升自我、实现目标的宝贵资源。

在面对对手时，不应仅仅将其视为威胁与障碍，而应将其视为一种潜在的资源与助力。我们需要学会用更加开放与包容的心态去看待对手，用智慧与策略去判别并利用他们的资源与优势，从而在职场的博弈中占据更有利的位置。

✦ 上级支持是"法宝"

面对各种挑战与困难时，上级的支持往往是我们克服困难、实现目标的重要法宝。上司往往掌握着比我们更为丰富的人脉资源，具备更强的协调能力。有时候，我们可能因某个环节而陷入工作瓶颈，久久不能突破，但对于上司而言，可能仅凭一句话或一个简单的协调就能解决问题。当我们的工作进程受阻时，应主动向上司汇报当前的工作进度，并清晰地阐述所遇到的问题。更重要的是，我们需要展现出自己的思考，说明自己已经尝试了哪些解决方案，以及为何这些方法未能奏效。随后，我们应提出具体的请求，并简要说明该请求的前因后果。这样的沟通方式，不仅能够让上司更好地理解我们的处境，还能展现出我们的责任感和解决问题的能力。我们应避免成为只会提出需求而不加思考的"伸手党"，而是要通过深思熟虑的求助，与上司共同寻找最佳解决方案，从而推动工作的顺利进行。拥有上级的支持，不仅能够让我们在面对挑战时更有信心，更能在关键时刻为我们提供强有力的后盾，让我们能够放手一搏，追求更大的成功。

化敌为友：悟空是怎么拓宽
职场人际关系的

你是不是也曾为了拓宽职场关系网，绞尽脑汁却进展缓慢？看着别人在团队中游刃有余，自己却总像局外人？其实，拓宽人脉关系没你想象的那么难。孙悟空在面对各路妖魔鬼怪时，不仅用武力征服，更用智慧化敌为友，一步步构建起强大的人脉关系网。想要在职场如鱼得水？不妨学学悟空在处理兕大王时的办法，勇敢求助，巧妙沟通，用实力赢得尊重，用智慧结交盟友。每一次挑战都是拓宽人脉的良机，每一次合作都是深化关系的契机。

行者低头礼拜毕，如来问道："悟空，前闻得观音尊者解脱汝身，皈依释教，保唐僧来此求经，你怎么独自到此？有何事故？"行者顿首道："上告我佛：弟子自秉迦持，与唐朝师父西来，行至金𬭁山金𬭁洞，遇着一个恶魔头，名唤兕大王，神通广大，把师父与师弟等摄入洞中。弟子向伊求取，没好意，两家比迸，被他将一个白森森的圈子，抢了我的铁棒。我恐他是天将思凡，急上界查勘不出。蒙玉帝差遣李天王父子助援，又被他抢了太子的六般兵器。及请火德星君放火烧他，又被他将火具抢去。又请水德星君放水淹他，一毫又淹他不着。弟子费若干精神气力，将那铁棒等物偷出，复去索战，又被他将前物依然套去，无法收降。因此特告我佛：望垂慈与弟子看看，果然是何物出身，我好去拿他家属四邻，擒此魔头，救我师父，合共虔诚，拜求正果。"如来听说，将慧眼遥观，早已知识，对行者道："那怪物我虽知之，但不可与你说。你这猴儿口敞，一传道是我说他，他就不与你斗，定要嚷上灵山，反遗祸于我也。我这里着法力助你擒他去罢。"行者再拜称谢道："如来助我甚么法力？"如来即令十八尊罗汉开宝库取十八粒"金丹砂"与悟空助力。行者道："金丹砂却如何？"如来道："你去洞外，叫那妖魔比试；演他出来，却教罗汉放砂，陷住他，使他动不得身，拔不得脚，凭你揪打便了。"行者笑道："妙！妙！妙！趁早去来！"

那罗汉不敢迟延，即取金丹砂出门。行者又谢了如来。一路查看，止有十六尊罗汉，行者嚷道："这是那个去处，却卖放人！"众罗汉道："那个卖放？"行者道："原差十八尊，今怎么只得十六尊？"说不了，里边走出降龙、伏虎二尊，上前道："悟空，怎么就这等放刁？我两个在后听如来分付话的。"行者道："忒卖法！忒卖法！才自若嚷迟了些儿，你敢就不出来了。"众罗汉笑呵呵驾起祥云。

扩展阅读：

孙悟空到西方拜见如来佛祖，佛祖问他为何独自前来，而不是和唐僧一起。孙悟空回答说，他们师徒在取经的路上遇到了一个叫兕大王的妖精，这妖精很厉害，不仅抓走了唐僧和他的师弟们，还抢走了他的金箍棒。孙悟空多次上天庭求助，但都没能打败妖精。他担心妖精是天上的神仙下凡，所以特来求佛祖帮忙，看看这妖精到底是什么来历，好去捉拿他的手下和周围的妖精，救出师父。

孙悟空因大闹天宫而被如来佛祖镇压在五指山下五百年，但是孙悟空也没有因此而一味地怨恨如来佛祖，仍然选择在必要的时候寻求如来佛祖的帮助，为团队的取经之路作出重要贡献。

礼之用，和为贵

"礼之用，和为贵"出自《论语·学而篇》第十二章，原文为："有子曰：'礼之用，和为贵。先王之道，斯为美，小大由之。有所不行，知和而和，不以礼节之，亦不可行也。'"其大概意思为礼的用途在于创造和维护人与人之间的和谐关系。其中，"礼"在春秋时期泛指社会的典章制度和道德规范，而"和"则指的是和谐、融洽的关系。这段话强调了和谐在人际关系中的重要性，认为在人际交往和社会关系中，其能够恰到好处地协调各种关系，使彼此都能融洽相处，是非常宝贵和重要的。

孙悟空选择了以谦卑之心，通过正当的途径寻求解答与和解，而非继续以力服人，而是以礼相待。如来佛祖并未因孙悟空的过往而有所偏见，反而慈悲为怀，给予其指引与救赎，最终促成了孙悟空的心性转变与取经大业的顺利进行。

在职场的复杂环境中，和谐的人际关系是成功的关键。面对冲突，应寻求和解之道，以大局为重，共同创造双赢乃至多赢的局面。毕竟长期的合作与信任建立在相互理解与尊重的基础之上，而"和"正是这一基础的基石。强大的个人能力固然重要，"礼之用，和为贵"的道理也是职场智慧的一环，以谦逊之心待人接物，以和谐为目标化解矛盾，这样才能在职业生涯中走得更远、更稳。

真诚求助，不卑不亢

孙悟空面对儿大王这一强敌时，虽已竭尽全力，却仍无法取胜，不得不前往西天寻求如来佛祖的帮助，这一行为不仅展现了他的真诚求助之心，更体现了他不卑不亢的态度。

在职场上，我们时常会遇到难以解决的难题和挑战。孙悟空并没有因为自己的神通广大而骄傲自满，也没有因为眼前的困境而气馁退缩。相反，他坦诚地承认了自己的不足，并勇敢地寻求更强大的助力。这种真诚的态度，不仅能够帮助我们更快地找到解决问题的方法，还能够让我们在同事和领导心中树立起更加可靠和值得信赖的形象。

孙悟空在求助过程中展现出的不卑不亢的态度，也值得我们深思。他并没有因为自己的求助行为而感到羞愧或自卑，也没有因为对方的地位崇高而过分恭维或低三下四。他以一种平等、尊重的态度与如来佛祖交流，既表达了自己的需求，又展现了自己的尊严和价值。这种不卑不亢的态度，不仅能够帮助我们更好地与同事和领导建立良好关系，还能够让我们在职场上更加自信、从容地应对各种挑战。

🏵 以共赢求同盟

共赢求同盟，意味着在困难面前需要寻找强大的合作伙伴，是一种基于相互尊重与利益共享的合作哲学。孙悟空与如来佛祖之间的求助与援助，构建了一个基于共同目标的联盟，既解决了眼前的危机，也有益于双方的声誉与长远利益。在职场中，它启示我们，应当具备一双慧眼，学会在纷繁复杂的人际关系中，精准地识别出那些能够与我们形成优势互补、共同进步的合作伙伴。这些伙伴可能是拥有卓越专业技能的同事，也可能是掌握关键资源的行业伙伴，甚至是来自不同领域却能为我们带来全新视角的跨界合作者。通过资源共享、优势互补的合作模式，我们不仅能够迅速弥补自身的短板，提升个人竞争力，更能促进整个团队的快速发展与创新能力，实现个人与团队的双重飞跃。这种基于共赢理念的同盟关系，不仅能够为双方带来眼前的利益，更能在长期的发展中，构建起稳固的信任与默契。

在职场上，面对挑战时保持谦逊开放的态度，勇于走出舒适区，寻找并接受来自不同领域的专业意见和支持，是通往成功之路上不可或缺的一步。它告诫我们，在复杂多变的职场环境中，单打独斗难以走远，唯有建立广泛的合作关系，善于借助外力，方能克服重重困难，实现个人价值的同时，也为团队和组织创造更大的价值。

团队力量：悟空也会寻求得力助手

在职场中，面对复杂多变的挑战，即使一个人能力卓越，也难免会遇到难以跨越的障碍。因此，职场人士要有良好的团队合作意识和能力，利用团队的力量来克服工作中的困难。

团队合作能够汇聚众人的智慧和力量，共同攻克难关。在团队中，不同的成员拥有不同的背景和专长，这让我们在面对问题时能够找到更加全面和有效的解决方案。一个优秀的团队，就像一把精心挑选的工作利器，能够极大地提升工作效率和成果质量。

接下来，让我们一起看看当遇上实力不相上下的牛魔王时，孙悟空是如何巧妙地运用团队合作的智慧与力量，成功战胜对手、取得芭蕉扇的：

那牛王拼命捐躯，斗经五十馀合，抵敌不住，败了阵，往北就走。早有五台山碧摩岩神通广大泼法金刚阻住，道："牛魔，你往那里去！我等乃释迦牟尼佛祖差来，布列天罗地网，至此擒汝也！"正说间，随后有大圣、八戒、众神赶来。那魔王慌转身向南走；又撞着峨眉山清凉洞法力无量胜至金刚挡住，喝道："吾奉佛旨在此，正要拿住你也！"牛王心慌脚软，急抽身往东便走；却逢着须弥山摩耳崖毗罗沙门大力金刚迎住道："你老牛何往！我蒙如来密令，教来捕获你也！"牛王又悚然而退，向西就走；又遇着昆仑山金霞岭不坏尊王永住金刚敌住，喝道："这厮又将安走！我领西天大雷音寺佛老亲言，在此把截，谁放你也！"那老牛心惊胆战，悔之不及。见那四面八方都是佛兵天将，真个似罗网高张，不能脱命。正在怆惶之际，又闻得行者帅众赶来，他就驾云头，望上便走。

却好有托塔李天王并哪吒太子，领鱼肚、药叉、巨灵神将，漫住空中，叫道："慢来！慢来！吾奉玉帝旨意，特来此剿除你也！"牛王急了，依前摇身一变，还变做一只大白牛，使两只铁角去触天王。天王使刀来砍。随后孙行者又到。哪吒太子厉声高叫："大圣，衣甲在身，不能为礼。愚父子昨日，见佛如来发檄奏①闻玉帝，言唐僧路阻火焰山，孙大圣难伏牛魔王，玉帝传旨，特差我父王领众助力。"行者道："这厮神通不小！又变作这等身躯，却怎奈何？"太子笑道："大圣勿疑。你看我擒他。"

这太子即喝一声："变！"变得三头六臂，飞身跳在牛王背上，使斩妖剑望颈项上一挥，不觉得把个牛头斩下。天王收刀，却才与行者相见。那牛王腔子里又钻出一个头来，口吐黑气，眼放金光。被哪吒又砍一剑，头落处，又钻出一个头来。一连砍了十数剑，随即长出十数个头。哪吒取出火轮儿挂在那老牛角上，便吹真火，焰焰烘烘，把牛王烧得张狂哮吼，摇头摆尾。才要变化脱身，又被托塔天王将照妖镜照住本像，腾那不动，无计逃生，只叫："莫伤我命！情愿归顺佛家也！"哪吒道："既惜身命，快拿扇子出来！"牛王道："扇子在我山妻处收着哩。"

哪吒见说，将缚妖索子解下，跨在他那颈项上，一把拿住鼻头，将索穿在鼻孔里，用手牵来。孙行者却会聚了四大金刚、六丁六甲、护教伽蓝、托塔天王、巨灵神将并八戒、土地、阴兵，簇拥着白牛，回至芭蕉洞口。老牛叫道："夫人，将扇子出来，救我性命！"罗刹听叫，急卸

---

① 檄奏：古代用檄文（一种紧急的官方文书）向上级或朝廷报告、请示或陈述事情。

了钗环，脱了色服，挽青丝如道姑，穿缟素①似比丘，双手捧那柄丈二长短的芭蕉扇子，走出门；又见有金刚众圣与天王父子，慌忙跪在地下，磕头礼拜道："望菩萨饶我夫妻之命，愿将此扇奉承孙叔叔成功去也！"行者近前接了扇，同大众共驾祥云，径回东路。

却说那三藏与沙僧立一会，坐一会，盼望行者，许久不回，何等忧虑！忽见祥云满空，瑞光满地，飘飘摇摇，盖众神行将近。这长老害怕道："悟净！那壁厢是谁神兵来也？"沙僧认得道："师父呵，那是四大金刚、金头揭谛、六甲六丁、护教伽蓝与过往众神。牵牛的是哪吒三太子。拿镜的是托塔李天王。大师兄执着芭蕉扇，二师兄并土地随后，其馀的都是护卫神兵。"三藏听说，换了毗卢帽，穿了袈裟，与悟净拜迎众圣，称谢道："我弟子有何德能，敢劳列位尊圣临凡也！"四大金刚道："圣僧喜了，十分功行将完！吾等奉佛旨差来助汝，汝当竭力修持，勿得须臾怠惰。"三藏叩齿叩头，受身受命。

孙大圣执着扇子，行近山边，尽气力挥了一扇，那火焰山平平息焰，寂寂除光；行者喜喜欢欢，又搧一扇，只闻得习习潇潇，清风微动；第三扇，满天云漠漠，细雨落霏霏。有诗为证。诗曰：

> 火焰山遥八百程，火光大地有声名。
> 火煎五漏丹难熟，火燎三关道不清。
> 时借芭蕉施雨露，幸蒙天将助神功。
> 牵牛归佛休颠劣，水火相联性自平。

扩展阅读：

在战斗中，孙悟空与众神形成了紧密的协作关系，各司其职、各展所长，充分发挥了团队的优势和力量。最终，在团队的共同努力下，孙悟空成功战胜了牛魔王，顺利取得了芭蕉扇，用芭蕉扇的神力扇灭了火焰山的烈火，为唐僧师徒的西行

---

① 缟素：白色的衣料，特指用白色麻布制成的衣物。

之路扫清了一大障碍。

职场如战场，单打独斗往往难以应对复杂多变的环境。正如古语所说："独木不成林，单弦难成曲。"当我们遇到棘手的问题时，不妨借鉴孙悟空与众神的合作模式，主动寻求同事、上级或外部专家的帮助，与他人精诚合作，共同面对挑战并商讨解决方案。通过团队合作，我们能够汇聚更为广博的智慧与更为强大的能量，携手共创更加辉煌的业绩与成就。

人心齐，泰山移

为了击败强大的敌人牛魔王，孙悟空携手猪八戒、火焰山的土地神及阴兵，以及天庭与佛界的众多势力，展开了紧密的合作。他们心志合一，力量汇聚，因此形成了一股强大的合力，对牛魔王进行了严密的围攻与压制。经过激烈的战斗，他们最终取得了决定性的胜利。《西游记》中孙悟空凭借团队协作的力量成功夺取芭蕉扇的情节，不仅仅是一次简单的团队胜利，更是对"人心齐，泰山移"这一古老智慧的深刻诠释。

在职场环境中同样如此，当一个团队的成员们同心协力时，能够激发出强大的协同效应，这不仅能够显著提升工作效率，还能大大增强团队的凝聚力和战斗力。凭借这种团队精神，团队在应对复杂任务时，能够迅速有效地找到解决方案，并在整个执行过程中保持高度的协同性和一致性。

一个凝聚力强的团队，其成员间往往拥有着深厚的信任与默契。信任是团队合作的坚固基石，在彼此充分信任的基础上，团队方能释放出最大的潜能。默契，则是团队高效运作不可或缺的润滑剂，它让团队成员沟通与协作的过程更加流畅无碍。

这启示我们，在与他人团队合作时，保持人心一致是至关重要的。这不仅意味着团队成员间需要拥有共同的目标和愿景，更需要在决策上保持高度的一致性，在行动上保持高度的协调性。只有这样，我们才能充分发挥团队的整体优势，共同应对挑战，克服困难，最终实现团队和个人的双赢。

以成员各自优势组成合力

在职场上，每个人都有自己的长处，关键在于如何识别并利用这些优势，将其转化为团队的合力。孙悟空虽然勇猛无比，但在面对牛魔王时，也深知自己需要借助众神的力量。他主动寻求与众神的合作，让擅长火攻的哪吒、精通变化的二郎神等神仙各展所长，共同对抗牛魔王。这种策略不仅增强了团队的战斗力，还使得每个成员都能在战斗中发挥自己的价值。

对于职场人士而言，我们也应该学会识别团队成员的优势，并充分利用这些优势来增强团队的力量，通过合理的分工和协作，让每个人都能在适合自己的领域发挥最大的作用。这样不仅能够提高团队的整体效率，还能增强团队成员之间的信任和默契，为团队的长期发展奠定坚实的基础。

灵活应变，共克艰难

在职场上，困难和挑战往往接踵而至，需要我们具备灵活应变的能力。孙悟空在与牛魔王的斗智斗勇中，并没有一味硬拼，而是根据形势的变化，不断调整策略，从孤身战斗到联合众神，最终解决了取芭蕉扇的难题。这种灵活应变的精神，使得他们能够在逆境中找到转机，最终取得胜利。

对于职场人士而言，在面对复杂多变的工作环境和突如其来的挑战时，秉持灵活应变、共克艰难的理念，也是团队合作中不可或缺的核心要素。正如古语所云："兵来将挡，水来土掩。"面对突如其来的难题，每个团队成员都应保持冷静的头脑，依据问题的具体状况灵活调整策略，通过集思广益，共同商讨出最贴合当前情境的解决方案，从而确保问题能够顺利得到解决，推动团队不断前行。

向上管理：如何赢得领导的支持与信任

在职场的广阔舞台上，每一位奋斗者的旅程都交织着挑战与机遇，而赢得领导的支持、信任与帮助，无疑是推动个人职业提升不可或缺的助力。领导，作为职场征途中的关键导航者，他们的认可与悉心指导，为我们的职业发展之路铺设了坚实的基石。因此，培养并实践向上管理的意识与艺术，与领导建立起一种稳固且富有成效的关系，显得尤为关键。这不仅是职场策略的精妙运用，更是个人智慧的深刻体现。它要求我们在勤勉工作的同时，更要具备前瞻性的眼光，学会在恰当的时机，以得体而高效的方式展现自己的能力与价值，从而在领导的眼中脱颖而出，赢得更多的支持与帮助。

孙悟空一行人在小雷音寺遭黄眉怪阻挠，因妖精法宝强大难以制服，悟空产生了向上求助的想法。让我们来看看孙悟空是如何实施向上管理策略，赢得上级的支持与帮助的：

孙大圣玩着仙境景致，早来到一天门、二天门、三天门，却至太和宫外。忽见那祥光瑞气之间，簇拥着五百灵官。那灵官上前迎着道："那来的是谁？"大圣道："我乃齐天大圣孙悟空，要见师相。"众灵官听说，随报。祖师即下殿，迎到太和宫。行者作礼道："我有一事奉劳。"问：

"何事？"行者道："保唐僧西天取经，路遭险难。至西牛贺洲，有座山唤小西天，小雷音寺有一妖魔。我师父进得山门，见有阿罗、揭谛、比丘、圣僧排列，以为真佛，倒身才拜，忽被他拿住绑了。我又失于防闲，被他抛一副金铙，将我罩在里面，无纤毫之缝，口合如钳。甚亏金头揭谛请奏玉帝，钦差二十八宿当夜下界，掀揭不起。幸得亢金龙将角透入铙内，将我度出，被我打碎金铙，惊醒怪物。赶战之间，又被撒一个白布搭包儿，将我与二十八宿并五方揭谛，尽皆装去，复用绳捆了。是我当夜脱逃，救了星辰等众，与我唐僧等。后为找寻衣钵，又惊醒那妖，与天兵赶战。那怪又拿出搭包儿，理弄之时，我却知道前因，遂走了。众等被他依然装去。我无计可施，特来拜求师相一助力也。"祖师道："我当年威镇北方，统摄真武之位，剪伐天下妖邪，乃奉玉帝敕旨。后又披发跣足，踏腾蛇神龟，领五雷神将、巨虬狮子、猛兽毒龙，收降东北方黑气妖氛，乃奉元始天尊符召。今日静享武当山，安逸太和殿，一向海岳平宁，乾坤清泰。奈何我南赡部洲并北俱芦洲之地，妖魔剪伐，邪鬼潜踪。今蒙大圣下降，不得不行；只是上界无有旨意，不敢擅动干戈。假若法遣众神，又恐玉帝见罪；十分却了大圣，又是我逆了人情。我谅着那西路上纵有妖邪，也不为大害。我今着龟、蛇二将并五大神龙与你助力，管教擒妖精，救你师之难。"

…………

行者且观且走，直至二层门下。那国师王菩萨早已知之，即与小张太子出门迎迓。相见叙礼毕，行者道："我保唐僧西天取经，路上有个小雷音寺，那里有个黄眉怪，假充佛祖。我师父不辨真伪就下拜，被他拿了。又将金铙把我罩了，幸亏天降星辰救出。是我打碎金铙，与他赌斗，又将一个布搭包儿，把天神、揭谛、伽蓝与我师父、师弟尽皆装了进去。我前去武当山请玄天上帝救援，他差五龙、龟、蛇拿怪，又被他一搭包子装去。弟子无依无倚，故来拜请菩萨，大展威力，将那收水母之神通，拯生民之妙用，同弟子去救师父一难！取得经回，永传中国，扬我佛之智慧，兴般若之波罗也。"国师王道："你今日之事，诚我佛教之兴隆，理当亲去；奈时值初夏，正淮水泛涨之时。新收了水猿大圣，那厮遇水即兴；恐我去后，他乘空生顽，无神可治。今着小徒领四将和你去助力，炼魔收伏罢。"

………

行者见了，连忙下拜道："东来佛祖，那里去？弟子失回避了。万罪！万罪！"佛祖道："我此来，专为这小雷音妖怪也。"行者道："多蒙老爷盛德大恩。敢问那妖是那方怪物，何处精魔？不知他那搭包儿是件甚么宝贝？烦老爷指示指示。"佛祖道："他是我面前司磬①的一个黄眉童儿。三月三日，我因赴元始会去，留他在宫看守，他把我这几件宝贝拐来，假佛成精。那搭包儿是我的后天袋子，俗名唤作'人种袋'。那条狼牙棒是个敲磬的槌儿。"行者听说，高叫一声道："好个笑和尚！你走了这童儿，教他诓称佛祖，陷害老孙，未免有个家法不谨之过！"弥勒道："一则是我不谨，走失人口；二则是你师徒们魔障未完：故此百灵下界，应该受难。我今来与你收他去也。"行者道："这妖精神通广大，你又无些兵器，何以收之？"弥勒笑道："我在这山坡下设一草庵，种一田瓜果在此。你去与他索战，交战之时，许败不许胜，引他到我这瓜田里。我别的瓜都是生的，你却变做一个大熟瓜。他来定要瓜吃，我却将你与他吃。吃下肚中，任你怎么在内摆布他。那时等我取了他的搭包儿，装他回去。"行者道："此计虽妙，你却怎么认得变的熟瓜？他怎么就肯跟我来此？"弥勒笑道："我为治世之尊，慧眼高明，岂不认得你！凭你变作甚物，我皆知之。但恐那怪不肯跟来耳。我却教你一个法术。"行者道："他断然是以搭包儿装我，怎肯跟来！有何法术可来也？"弥勒笑道："你伸手来。"行者即舒左手，递将过去。弥勒将右手食指，蘸着口中神水，在行者掌

---

① 司磬：负责敲击磬的僧人或神职人员。

上写了一个"禁"字，教他捏着拳头，见妖精当面放手，他就跟来。

扩展阅读：

孙悟空先从真武大帝那求来神将助战，却被黄眉怪用人种袋全数擒获。他再求大圣国师王菩萨，但其派出的小张太子和四神将亦落入圈套。绝望之时，弥勒佛现身，揭示黄眉怪由来，策划出诱敌之计，与孙悟空联手降服了黄眉怪。孙悟空成功救出唐僧及众神，小雷音寺危机解除，师徒四人继续西行取经。

在职场中，孙悟空的这一故事也给我们带来启发。它告诉我们，在面对困难和挑战时，赢得上级领导的支持和信任尤为重要。就像孙悟空在遭遇黄眉怪时，虽然他英勇无比，但单凭一己之力仍然无法战胜强大的敌人。他不断向上求助，虽然起初并未成功，但最终得到了弥勒佛这一更高层级者的帮助，才使得危机得以化解。因此，我们应该学会如何与上级领导建立良好的沟通关系，如何寻求和接受领导的指导和帮助。只有这样，我们才能在职场中不断成长和进步，实现自己的职业目标。

打铁还需自身硬

孙悟空之所以能够成功请来强大的支援，其中一个至关重要的因素在于他自身具备非凡的战斗力。这一能力在每一位上级眼中都得到了充分的认可，因此他们才愿意出兵相助。即便在请来支援之后，孙悟空也始终保持着高度的参与度和敬业精神，每一次对敌参战都全力以赴，没有丝毫懈怠。他坚定地执行着救出团队、扫清取经之路障碍、除妖务尽的任务，这种执着与决心正是他赢得上级信任和支持的重要前提。

在职场的广阔舞台上，每个人都渴望得到领导的支持与帮助，这往往意味着更多的机遇、资源和成长空间。然而，想真正赢得领导的青睐并非易事，它要求我们自身具备一定的价值和能力。价值，体现在我们的工作态度、专业技能，以及为团队做出的贡献上。一个对工作充满热情、能够高效完成任务并持续为团队创造价值的员工，无疑会更容易获得领导的认可。而能力，则是我们实现价值的基础。无论是精湛的专业技能，还是沟通协调、解决问题的能力，都是我们在职场中的立足之本。

因此，要想得到领导的支持和帮助，我们必须不断提升自己的能力和价值。这需要我们保持学习的热情，不断吸收新知识、新技能；同时，也要勇于接受挑战，在实践中锻炼和提升自己的能力。只有这样，我们才能在激烈的职场竞争中脱颖而出，成为领导眼中值得信赖和培养的优秀人才。而当我们真正具备了这些价值和能力时，领导的支持和帮助也就自然而然地到来了。

🕸 沟通与执行并线，共建信任桥梁

在孙悟空向真武大帝与大圣国师王菩萨求助的过程中，他展现出了卓越的礼仪风范与清晰的表达能力。他恭敬地陈述了事件的始末，使得上级能够迅速把握事情的全貌。面对弥勒佛时，孙悟空更是展现出了其敏锐的洞察力与强大的执行力。他全神贯注地聆听上级的教诲，细致入微地捕捉着话语中的每一个要点，对于不解之处，他勇敢地提出了自己的疑问，直至彻底明晰了解决问题的策略。随后，他毫不懈怠地执行着既定的方案，最终成功战胜了黄眉怪。

在职场中，想要获得领导的支持与帮助，需要做到沟通与执行并重。搭建信任桥梁是关键，有效的沟通能让领导了解我们的工作进展、遇到的挑战，也能确保我们准确理解领导的意图和期望。而执行力则是展现我们价值和能力的直接体现。一个能够高效、准确地执行任务，并在遇到问题时迅速找到解决方案的员工，无疑会给领导留下深刻印象。我们不仅要能够完成任务，还要在执行过程中展现出创新思维和解决问题的能力，这样不仅能提升工作效率，还能为团队带来更多的价值。

适时诉真情，强化情感连接

孙悟空在向上级求助时以情动人，诚挚地阐述了如若获得援助，未来将如何回馈，这份真诚深深打动了上级，使他们欣然伸出了援手。这启示我们，在职场中，想要赢得领导的支持与帮助，除了展现出专业的能力和高效的执行力之外，以情动人、强化与领导之间的情感连接同样至关重要。

在与领导相处的过程中，我们应该注重情感的交流与共鸣，让领导感受到我们的真诚与热情。这种情感的共鸣能够拉近我们与领导之间的距离，使得彼此之间的合作更加顺畅、高效。

同时，我们还要学会在关键时刻表达感激之情，让领导感受到我们的尊敬与感谢。这种情感的回馈能够进一步巩固与领导之间的情感连接，为未来的合作奠定更加坚实的基础。

取经之路，

磨砺成长：职场没有捷径

换马前行：在职场中灵活调整策略

在职场生涯的漫长征途中，我们难免会遭遇各式各样的困境与挑战，面对这些看似不利的局面，如何调整心态，以更加积极和从容的姿态去应对，便成了一门至关重要的学问。

一段"陡涧换马"的故事，生动地诠释了"塞翁失马，焉知非福"的哲理——即便是在最意想不到的转折中，也可能蕴藏着转"危"为"机"的可能：

> 那揭谛①果去涧边叫了两遍。
>
> 那小龙翻波跳浪，跳出水来，变作一个人相，踏了云头，到空中对菩萨礼拜道："向蒙菩萨解脱活命之恩，在此久等，更不闻取经人的音信。"菩萨指着行者道："这不是取经人的大徒弟？"小龙见了道："菩萨，这是我的对头。我昨日腹中饥馁，果然吃了他的马匹。他倚着有些力量，将我斗得力怯而回，又骂得我闭门不敢出来。他更不曾提着一个'取经'的字样。"行者道："你又不曾问我姓甚名谁，我怎么就说？"小龙道："我不曾问你是那里来的泼魔？你嚷道：'管甚么那里不那里，只还我马来！'何曾说出半个'唐'字！"菩萨道："那猴头，专倚自强，那肯称

---

① 揭谛：在《西游记》中，揭谛被具象化为五方守护大力神，他们奉菩萨的法旨，暗中保护唐僧西天取经，是唐僧西行路上的主要护法神之一。

赞别人？今番前去，还有归顺的哩。若问时，先提起'取经'的字来，却也不用劳心，自然拱伏。"

行者欢喜领教。菩萨上前，把那小龙的项下明珠摘了，将杨柳枝蘸出甘露，往他身上拂了一拂，吹口仙气，喝声叫："变！"那龙即变做他原来的马匹毛片。又将言语分付道："你须用心了还业障，功成后超越凡龙，还你个金身正果。"那小龙口衔着横骨，心心领诺。菩萨教悟空："领他去见三藏，我回海上去也。"行者扯住菩萨不放道："我不去了！我不去了！西方路这等崎岖，保这个凡僧，几时得到？似这等多磨多折，老孙的性命也难全，如何成得甚么功果！我不去了！我不去了！"菩萨道："你当年未成人道，且肯尽心修悟；你今日脱了天灾，怎么倒生懒惰？我门中以寂灭成真，须是要信心果正；假若到了那伤身苦磨之处，我许你叫天天应，叫地地灵。十分再到那难脱之际，我也亲来救你。你过来，我再赠你一般本事。"菩萨将杨柳叶儿摘下三个，放在行者的脑后，喝声："变！"即变做三根救命的毫毛，教他："若到那无济无生的时节，可以随机应变，救得你急苦之灾。"

行者闻了这许多好言，才谢了大慈大悲的菩萨。那菩萨香风绕绕，彩雾飘飘，径转普陀而去。

这行者才按落云头，揪着那龙马的顶鬃，来见三藏道："师父，马有了也。"三藏一见大喜道："徒弟，这马怎么比前反肥盛了些？在何处寻着的？"行者道："师父，你还做梦哩！却才是金头揭谛请了菩萨来，把那涧里龙化作我们的白马。其毛片相同，只是少了鞍辔，着老孙揪将来也。"三藏大惊道："菩萨何在？待我去拜谢他。"行者道："菩萨此时已到南海，不耐烦矣。"三藏就撮土焚香，望南礼拜。拜罢起身，即与行者收拾前进。行者喝退了山神、土地，分付了揭谛、功曹，却请师父上马。三藏道："那无鞍辔的马，怎生骑得？且待寻船渡过涧去，再作区处。"行者道："这个师父好不知时务！这个旷野山中，船从何来？这匹马，他在此久住，必知水势，就骑着他做个船儿过去罢。

扩展阅读：

这段经典情节讲述了师徒四人在取经路上遭遇的又一难关：唐僧与孙悟空行至蛇盘山鹰愁涧，唐僧的白马被涧中的小白龙吞食。孙悟空在多次寻找与打斗无果后，请来观音菩萨相助。观音菩萨将小白龙收服，并化作一匹白马赐予唐僧，作为其西行取经的坐骑。

在职场或人生路上也时常会遇到"换马前行"的突发变故，保持乐观的心态，视挑战为成长的契机，往往能让我们在逆境中发现新的机遇，甚至最终收获意想不到的成果。让我们从"陡涧换马"的故事中汲取智慧，学会在困境中不失希望，以灵活变通的策略，化不利为有利。

🪷 塞翁失马，焉知非福

唐僧师徒在陡涧失去原有的马匹，却意外得到了更加忠诚可靠的白龙马，正如《后汉书》所记载的"失之东隅，收之桑榆"。这类事情在职场上屡见不鲜，它提醒我们，若过分患得患失，便容易陷入短视的泥潭，扰乱自己的节奏和判断。真正的智慧在于，我们应专注于不懈努力追求过程的价值，而对于最终的成败得失，则以一颗平常心看待。因为许多时候，我们无法掌控结果，过度的懊恼和悔恨只会徒增烦恼，无济于事。保持一颗平常心，无论面对何种境遇都能泰然处之，这在职场上无疑是最为宝贵的品质。

更重要的是，不患得患失还能起到一种自我保护的作用。在职场上，领导有时会通过得失的考验来评估下属的忠诚度和心态。那些在成功时得意忘形、忘恩负义，或在失败时怨天尤人、指责他人的下属，往往会让领导感到不安，被视为潜在的"定时炸弹"。他们不仅情绪不稳定，更缺乏必要的成熟度和责任感。因此，学会在得失之间保持冷静和理性，不仅有助于我们更好地应对职场挑战，还能赢得他人的尊重和信任。"陡涧换马"的故事告诉我们，每一次的得失都可能是成长的契机，关键在于我们如何以平和的心态去面对和把握。

灵活应变，顺势前行

想象一下，当你在一个关键项目中突然遭遇未曾预料的挑战，这时，如果你能够迅速调整策略，像唐僧师徒在陡涧那样果断换马，找到新的解决方案，往往能在激烈的职场竞争中脱颖而出。

灵活应变不仅仅是应对突发事件那么简单，它更是一种对变化的高度敏感和卓越适应力的体现。这种能力并非只有天生具备，而是可以通过后天的不断训练和实践来获得。首先，培养开放的心态。当变化来临时，我们不应立即否定或抗拒，而应像唐僧面对陡涧的困境时那样保持冷静，积极思考变化中潜藏的新机遇。这种开放的心态能够让我们更加从容地面对变化，从中发现新的可能。其次，持续学习是提升灵活应变能力的另一大法宝。通过学习新的知识和技能，我们能够更好地适应变化，不断提升自己的竞争力。正如唐僧师徒在取经路上不断修炼、学习新法术一样，我们也应在职场上不断学习，不断充实自己，以应对各种未知的挑战。最后，具备灵活应变能力能够让我们在职场中更加游刃有余，更好地应对变化，抓住机遇，实现自己的职业目标。正如"陡涧换马"所展现的那样，只有勇于面对变化，灵活调整策略，我们才能在职场的道路上不断前行，取得更大的成功。

以退为进的沟通技巧

除了换马前行、因祸得福的情节非常具有职场哲理以外，孙悟空对于观音菩萨的态度也非常值得我们思考。观音点化龙马后，悟空突然表示不愿西行，担心磨难重重，性命难保。观音为安抚悟空，承诺在危难时刻给予他帮助，并赠予三根救命毫毛。悟空此举实则是以退为进，利用与唐僧的磨合期，为自己争取更多保障，也算是对自己所受委屈的一种慰藉。

以退为进，绝非一种逃避责任或放弃努力的软弱表现，而是一种深谋远虑的战略选择，旨在通过明智的暂时退让，为未来的飞跃积攒更为强大的力量。正如孙悟空在面对观音菩萨时的策略，他虽看似拒绝前行，实则是在为自己争取更多的支持与保障。职场新人在职业生涯的初期，面对复杂多变的挑战与困难时，往往容易陷入一筹莫展的焦虑之中，从而渴望迅速取得成果，于是"急于求成"便成为摆脱焦虑的方法之一。然而，"欲速则不达，骤进只取亡"。在这种情境下，若能领悟并践行"以退为进"的古老智慧，适时地后退一步，不仅能够为自己赢得一个调整心态、平复情绪的宝贵时机，还能提供一个难得的契机，去深刻反思自身的短板、总结过往的失败教训、吸收宝贵的成功经验。

遇到竞争者，这样处理更高明

❧❧

"匹夫无罪，怀璧其罪"，有时候，仅仅是拥有出色的才华或令人瞩目的成就，就可能让人成为众矢之的。在这样充满挑战与机遇的环境中，我们不禁要问：面对职场的激烈竞争，应当秉持一种怎样的心态，才能既保护自己，又能在竞争中脱颖而出呢？

《西游记》中那件闪耀着神秘光芒的袈裟，就曾引来无数贪婪的目光，让我们一起在故事中看看唐僧师徒是怎么处理竞争的吧：

> 却说那些和尚，正悲切间，忽的看见他师徒牵马挑担而来，唬得一个个魂飞魄散，道："冤魂索命来了！"行者喝道："甚么冤魂索命？快还我袈裟来！"众僧一齐跪倒，叩头道："爷爷呀！冤有冤家，债有债主。要索命不干我们事，都是广谋与老和尚定计害你的，莫问我们讨命。"行者咄的一声道："我把你这些该死的畜生！那个问你讨甚么命！只拿袈裟来还我走路！"其间有两个胆量大的和尚道："老爷，你们在禅堂里已烧死了，如今又来讨袈裟，端的还是人，是鬼？"行者笑道："这伙业畜！那里有甚么火来？你去前面看看禅堂，再来说话！"众僧们爬起来往前观看，那禅堂外面的门窗槅扇，更不曾燎灼了半分。众人悚惧，才认得三藏是位神僧，行者是尊护法，一齐上前叩头道："我等有眼无珠，不识

真人下界！你的袈裟在后面方丈中老师祖处哩。"三藏行过了三五层败壁破墙，嗟叹不已。只见方丈果然无火。众僧抢入里面，叫道："公公！唐僧乃是神人，未曾烧死，如今反害了自己家当！趁早拿出袈裟，还他去也。"

原来这老和尚寻不见袈裟，又烧了本寺的房屋，正在万分烦恼焦燥之处，一闻此言，怎敢答应？因寻思无计，进退无方，拽开步，躬着腰，往那墙上着实撞了一头，可怜只撞得脑破血流魂魄散，咽喉气断染红沙！有诗为证。诗曰：

堪叹老衲性愚蒙，枉作人间一寿翁。

欲得袈裟传远世，岂知佛宝不凡同！

但将容易为长久，定是萧条取败功。

广智广谋成甚用？损人利己一场空！

慌得个众僧哭道："师公已撞杀了，又不见袈裟，怎生是好？"行者道："想是汝等盗藏起也！都出来！开具花名手本，等老孙逐一查点！"那上下房的院主，将本寺和尚、头陀、幸童、道人尽行开具手本二张，大小人等，共计二百三十名。行者请师父高坐，他却一一从头唱名搜检，都要解放衣襟，分明点过，更无袈裟。又将那各房头搬抢出去的箱笼物件，从头细细寻遍，那里得有踪迹。三藏心中烦恼，懊恨行者不尽，却坐在上面念动那咒。行者扑的跌倒在地，抱着头，十分难禁，只教："莫念！莫念！管寻还了袈裟！"那众僧见了，一个个战兢兢的上前跪下劝解，三藏才合口不念。行者一骨鲁跳起来，耳朵里掣出铁棒，要打那些和尚，被三藏喝住道："这猴头！你头痛还不怕，还要无礼？休动手！且莫伤人！再与我审问一问！"众僧们磕头礼拜，哀告三藏道："老爷饶命！我等委实的不曾看见。这都是那老死鬼的不是。他昨晚看着你的袈裟，只哭到更深时候，看也不曾敢看，思量要图长久，做个传家之宝，设计定策，要烧杀老爷。自火起之候，狂风大作，各人只顾救火，搬抢物件，更不知袈裟去向。"

扩展阅读：

一件袈裟，引来各方势力的争夺，甚至导致老和尚为此付出了生命。在某些时候，拥有过于耀眼的"宝物"，可能会让人陷入不必要的纷争与危险之中。那么，在当今这个同样充满诱惑与陷阱的职场舞台上，我们该如何更加高明地处理这些因竞争而生的复杂局面呢？是选择锋芒毕露，还是学会适时地收敛光芒？是勇往直前，还是适时退让？历史与现实都在告诫我们，面对竞争，盲目冲动或一味退让都不是明智之举。

你对"竞争"有渴望吗？

生活中，有人天生热衷竞争，不惜花费大量时间和精力，只为争得第一，无论工作、学习，还是休闲游戏，"赢"对他们至关重要。相反，也有人畏惧竞争，面对分歧便逃避，甚至不惜牺牲自身利益以规避竞争。这似乎表明，竞争并不是人与生俱来的特质，因人而异。

然而，心理学家通过研究发现，竞争实则源自人类生理与心理的进化，"物竞天择，适者生存"是其核心。这意味着，竞争并非天生喜好，而是人类为适应环境、求得生存而逐渐形成的本能。大脑为增强对赢的渴望，赢时会释放多巴胺作为"奖励"，带来快乐与兴奋。如今，虽竞争不再关乎生死，但在多巴胺的驱动下，我们仍渴望赢后的喜悦。因此袈裟的争夺也好，职场中的竞争也罢，无论我们是否喜欢，竞争都是人类不可或缺的一部分。

匹夫无罪，怀璧其罪

《春秋左传》所言"匹夫无罪，怀璧其罪"，意指平凡之人若持有珍宝，易招灾祸，此理亦适用于职场。一件珍贵袈裟引发了人们内心的贪婪与欲望，进而掀起了一场场无谓的纷争与悲剧。袈裟作为佛教圣物，本身承载着无尽的智慧与慈悲，却因世人对其价值的误解与过分追求，成为贪婪与斗争的导火索。这不禁让人深思，当外在的物质或象征性的"宝物"超越了其本质意义，成为衡量个人价值或地位的标尺时，人性的阴暗面便会被无限放大，导致一系列不可预料的后果。职场中，我们的能力与机遇，就如同那珍贵的袈裟，易引人觊觎。如何守护这份"璧"，使之恒久璀璨，实为一大挑战。

很多时候，他人的敌意或许源于你的无心之举，或是对规则的无知，或是锋芒毕露所致。这从另一角度说明，你在同事心中已颇具分量，成为潜在的"威胁"。面对此情此景，一方面，我们应坚守阵地，保持竞争优势，让对手因疲惫而退缩；另一方面，相处之道在于"对事不对人"，处理事务时避免情绪化，不主动挑起争端，以免给领导和同事留下不良印象。如此，方能在职场中稳步前行，守护好自己的"袈裟"。

竞争不只有"对抗"

在职场中，竞争不仅包含对抗，也蕴含着合作的可能。一件宝物虽能引来无数贪婪的目光与纷争，但若能妥善处理，亦能成为推动取经的助力。同事间的竞争现象相当普遍，而健康的、良性的竞争如同一剂催化剂，能够有效激发每个人的积极性，还对个人能力的提升、职业道路的发展，以及组织目标的达成均大有裨益。它不仅促使我们不断挑战自我，提升个人能力，还能够在相互激励中推动职业道路的发展，助力目标的顺利达成。这样的竞争氛围，如同取经路上的九九八十一难，虽充满挑战，却也锤炼了团队的意志与能力，不难成就取经大业。

相反，恶性竞争则像一把双刃剑，伤人亦伤己，不仅会造成同事间关系的紧张，恶化工作氛围，还会对个人和整个组织造成损害，严重时甚至会导致竞争双方均遭受重创。在恶性竞争中，双方往往陷入零和博弈的困境，最终导致两败俱伤，得不偿失。

因此，在遇到竞争者时，我们应学会以更高明的姿态去处理。不妨将竞争视为一种契机，一种推动自我成长与组织发展的动力。在保持个人竞争力的同时，也要学会与他人合作，共同应对挑战，实现共赢。正如唐僧师徒四人，虽各有千秋，但在取经路上相互扶持，共同面对困难，最终取得了真经。

遇到不配合的同事，要学会从领导入手解决

在职场的广阔天地里，每位员工都是团队中不可或缺的一环，共同编织着成功的蓝图。然而，正如任何复杂系统中都可能存在摩擦点，我们在日常工作中难免会碰到一些不配合的同事。这种不和谐的现象，如同一道无形的墙，不仅降低了个人的工作效率，更可能对整个团队的协作氛围和项目进展造成不利影响。因此，如何智慧而有效地解决这一职场中的常见难题，促进团队成员之间的理解和配合，成为每一位职场人士都值得深入思考和实践的重要课题。而从领导入手来解决这一问题，往往能够得到意想不到的效果。

让我们一同来看看《西游记》第五十八回的情节，当孙悟空遭遇真假美猴王的棘手难题，单凭自身力量难以分辨真伪、解决困难时，他采取了怎样的策略来化解这一困境。这一故事，无疑能为身处职场的我们提供深刻的启示。

他两个在那半空里，扯扯拉拉，抓抓揪揪，且行且斗，只嚷至大西天灵鹫仙山雷音宝刹之外。早见那四大菩萨、八大金刚、五百阿罗、三千揭谛、比丘尼、比丘僧、优婆塞、优婆夷诸大圣众，都到七宝莲台之下，各听如来说法。那如来正讲到这：

不有中有，不无中无。不色中色，不空中空。非有为有，非无为无。非色为色，非空为空。空即是空，色即是色。色无定色，色即是空。空无定空，空即是色。知空不空，知色不色。名为照了，始达妙音。

概众稽首皈依。流通诵读之际，如来降天花普散缤纷，即离宝座，对大众道："汝等俱是一心，且看二心竞斗而来也。"

大众举目看之，果是两个行者，呐天喝地，打至雷音胜境。慌得那八大金刚上前挡住道："汝等欲往那里去？"这大圣道："妖精变作我的模样，欲至宝莲台下，烦如来为我辨个虚实也。"众金刚抵挡不住，只嚷至台下，跪于佛祖之前，拜告道："弟子保护唐僧，来造宝山，求取真经，一路上炼魔缚怪，不知费了多少精神。前至中途，偶遇强徒劫掳，委是弟子二次打伤几人。师父怪我赶回，不容同拜如来金身。弟子无奈，只得投奔南海，见观音诉苦。不期这个妖精，假变弟子声音、相貌，将师父打倒，把行李抢去。师弟悟净寻至我山，被这妖假捏巧言，说有真僧取经之故。悟净脱身至南海，备说详细。观音知之，遂令弟子同悟净再至我山。因此，两人比并真假，打至南海，又打到天宫，又曾打见唐僧，打见冥府，俱莫能辨认。故此大胆轻造，千乞大开方便之门，广垂慈悯之念，与弟子辨明邪正，庶好保护唐僧亲拜金身，取经回东土，永扬大教。"大众听他两张口一样声俱说一遍，众亦莫辨。惟如来则通知之，正欲道破，忽见南下彩云之间，来了观音，参拜我佛。

我佛合掌道："观音尊者，你看那两个行者，谁是真假？"菩萨道："前日在弟子荒境，委不能辨。他又至天宫、地府，亦俱难认。特来拜告如来，千万与他辨明辨明。"如来笑道："汝等法力广大，只能普阅周天之事，不能遍识周天之物，亦不能广会周天之种类也。"菩萨又请示周天种类。如来才道："周天之内有五仙：乃天、地、神、人、鬼。有五虫：乃嬴、鳞、毛、羽、昆。这厮非天、非地、非神、非人、非鬼，亦非嬴、非鳞、非毛、非羽、非昆。又有四猴混世，不入十类之种。"菩萨道："敢问是那四猴？"如来道："第一是灵明石猴，通变化，识天时，知地利，移星换斗。第二是赤尻马猴，晓阴阳，会人事，善出入，避死延生。第三是通臂猿猴，拿日月，缩千山，辨休咎，乾坤摩弄。第四是六耳猕猴，善聆音，能察理，知前后，万物皆明。此四猴者，不入十类之种，不达两间之名。我观假悟空乃六耳猕猴也。此猴若立一处，能知千里外之事；凡人说话，亦能知之；故此善聆音，能察理，知前后，万物皆明。与真悟空同像同音者，六耳猕猴也。"

那猕猴闻得如来说出他的本像，胆战心惊，急纵身，跳起来就走。如来见他走时，即令大众下手。早有四菩萨、八金刚、五百阿罗、三千揭谛、比丘僧、比丘尼、优婆塞、优婆夷、观音、木叉，一齐围绕。孙大圣也要上前，如来道："悟空休动手，待我与你擒他。"那猕猴毛骨悚然，料着难脱，即忙摇身一变，变作个蜜蜂儿，往上便飞。如来将金钵盂撇起去，正盖着那蜂儿，落下来。大众不知，以为走了。如来笑云："大众休言。妖精未走，见在我这钵盂之下。"大众一发上前，把钵盂揭起，果然见了本像，是一个六耳猕猴。

扩展阅读：

《西游记》中"真假美猴王"这一经典情节扣人心弦：面对与自己一模一样的六耳猕猴，他人一时真假难辨，孙悟空陷入棘手困境。他无法独自解决这一难题，最终选择向智慧无边的如来佛祖求助。佛祖慧眼识破真相，使得六耳猕猴现出原形，孙悟空终得解脱，师徒四人重新踏上取经之路。这一故事不仅富有戏剧性，更对职场人士有着深刻的启示。

在职场中，面对复杂多变的工作环境，我们难免会遇到一些不配合的同事，导致工作进展受阻。当个人难以独立解决问题时，从上级领导处寻求智慧与支持，不失为一种明智的策略。领导作为团队的核心，拥有丰富的经验和资源，能够为我们提供宝贵的建议和支持。通过向领导汇报情况、请教意见，我们可以更好地理解问题的本质，找到解决问题的突破口，还能够增进彼此之间的了解和信任，为今后的工作打下良好的基础。因此，在职场中遇到同事不配合的困境时，我们可以借鉴孙悟空的求助智慧，勇敢地向领导求助，以更加成熟和高效的方式化解矛盾，共同寻求最佳解决方案，最终突破困境。

有理走遍天下，无理寸步难行

孙悟空在《西游记》中遭遇真假美猴王的棘手困境时，之所以能够获得如来佛祖的出手相助，其关键在于他自身行为端正，无愧于心。作为真正的美猴王，他一心一意地护送唐僧西行取经，不畏艰难险阻，始终为团队扫平前行路上的障碍。这种正直无畏、忠诚于使命的精神，是他能够赢得如来佛祖信任和支持的基石。在困境中，孙悟空没有选择逃避或放弃，而是坚持正义，勇敢地向更高层次的智慧寻求帮助。这种态度不仅让他成功化解了眼前的危机，更为我们树立了在职场中面对困难时，应保持正直、勇敢、不懈努力的榜样。

在职场中，我们可能会遇到不配合的同事，导致工作难以顺利开展。然而，正如俗语所言，"有理走遍天下，无理寸步难行"，在向领导反馈并寻求帮助之前，必须确保我们自身的行为是正当合理的。这意味着我们需要对自己的工作内容、职责范围，以及团队目标有清晰的认识，确保自己的要求是合理且有助于团队整体利益的。只有当我们确信自己的立场是正确且有理有据时，向领导反映情况并寻求协助才会更加有效。这样的做法不仅能够维护个人的权益，还能促进团队的和谐与协作。同时，这也展现了我们的职业素养和责任感，让领导看到我们是一个值得信赖和依靠的团队成员。

因此，在职场中，面对同事不配合的困境时，我们应当先审视自己的行为和立场，确保有理有据，再向领导寻求帮助。

🏵 理性与陈情的结合

孙悟空向佛祖求助时所说的话语既精准又富有深情，他不仅将事情的起因、经过与现状一一道来，使佛祖能够迅速把握问题的核心，更重要的是，孙悟空还着重陈述了自己，自接受护送唐僧西行取经重任以来，一路上是如何费心费力、尽心尽责地保护师父，确保取经大业能够顺利进行的。这种"动之以情，晓之以理"的表达方式，不仅让佛祖全面了解了问题的严重性，更在情感层面深深触动了佛祖，使他深刻体会到孙悟空的忠诚与不易，从而更加乐意伸出援手，帮助他解决这一棘手难题。

在职场中难免会遇到个别同事不配合，导致项目进展受阻的情况，此时，向领导寻求帮助便成了一种智慧的选择，但这一过程必须巧妙融合理性与感性。我们应以冷静客观的态度，条理清晰地阐述事情的经过与现状，确保领导能够全面准确地掌握事情的来龙去脉。同时，我们也要适时地表达自己的情感与付出，让领导了解我们在工作中是如何尽心尽力、鞠躬尽瘁的。通过"动之以情，晓之以理"的方式，寻求问题的解决之道，也是在展现自身的职业素养与责任感。这样的沟通方式，不仅有助于增进领导对我们的理解与信任，还能为团队的和谐与进步贡献一份力量。

🏵 找准定位，尊重领导决策权

孙悟空在真假美猴王的纠葛中，明智地选择向如来佛祖求助，不仅详尽无遗地说明了事情的来龙去脉，更在阐述完毕后，将最终的决策权恭敬地交给了佛祖。孙悟空展现出的是一种毫无保留的信任，他深信佛祖的慧眼如炬，能够分辨真伪；同时，他也坚信佛祖拥有无上的能力，定能在关键时刻出手相助，化解这场危机。孙悟空对佛祖的信任正是他获得佛祖帮助的一大关键原因。

在职场环境中，面对不配合的同事导致工作推进受阻的情境，向领导寻求帮助无疑是一种明智的选择，但这一过程中，我们也必须谨记找准自身的角色定位，并充分尊重领导的决策权。这意味着，在向领导反映问题时，我们应以一种既专业又谦逊的态度，清晰地阐述问题的本质和我们已尝试的解决方案，同时，明确表达自己的立场与需求，而非越俎代庖，试图替领导作出决策。尊重领导的权威，不仅体现在对其职位的尊重，更在于对其专业判断与团队领导力的信任。通过这样的沟通方式，我们不仅能够有效地传达问题的紧迫性，还能展现出自己的责任感。同时，我们也为领导提供了全面而客观的信息，便于其作出更为明智与公正的决策，从而推进问题的解决。

利用职场资源，多维度提升自我

❦❦❦

　　在职场的广阔海洋上，每位员工都是沿着自身职业旅程的航海家。为了在这片充满机遇与挑战的海域中稳健前行，积极利用职场资源不断提升自我价值成为不可或缺的策略。我们可以通过主动寻求与同事、上级乃至行业专家的交流与合作，多维度提升自我能力，深化专业技能，拓宽知识边界等一系列努力，使自己在职业生涯中拥有更多选择权，向着更高远的职业目标迈进。

　　孙悟空在朱紫国行医的事迹堪称一个典例，展示了如何充分利用环境中的资源，以提升自我价值，并拓宽能力版图。让我们　起阅读这一故事，从中汲取对职场生涯的宝贵启示：

　　　这行者走至楼边，果然挤塞。直挨入人丛里听时，原来是那皇榜张挂楼下，故多人争看。行者挤到近处，闪开火眼金睛，仔细看时，那榜上却云：

　　　"朕西牛贺洲朱紫国王，自立业以来，四方平服，百姓清安。近因国事不祥，沉疴伏枕，淹延日久难痊。本国太医院屡选良方，未能调治。今出此榜文，普招天下贤士。不拘北往东来，中华外国，若有精医药者，请登宝殿，疗理朕躬。稍得病愈，愿将社稷平分，决不虚示。为此出给张挂。

须至榜者。"

览毕，满心欢喜道："古人云：'行动有三分财气。'早是不在馆中呆坐。即此不必买甚调和，且把取经事宁耐一日，等老孙做个医生耍耍。"好大圣，弯倒腰，丢了碗盏，拈一撮土，往上洒去，念声咒语，使个隐身法，轻轻的上前揭了榜。又朝着巽地上吸口仙气吹来，那阵旋风起处，他却回身，径到八戒站处。只见那呆子嘴拄着墙根，却似睡着了一般。行者更不惊他，将榜文折了，轻轻揣在他怀里，拽转步，先往会同馆去了不题。

············

说不了，只见那几个太监、校尉朝上礼拜道："孙老爷，今日我王有缘，天遣老爷下降，是必大展经纶手，微施三折肱。治得我王病愈，江山有分，社稷平分也。"行者闻言，正了声色，接了八戒的榜文，对众道："你们想是看榜的官么？"太监叩头道："奴婢乃司礼监内臣。这几个是锦衣校尉。"行者道："这招医榜委是我揭了，故遣我师弟引见。既然你主有病，常言道：'药不跟卖，病不讨医。'你去教那国王亲来请我。我有手到病除之功。"太监闻言，无不惊骇。校尉道："口出大言，必有度量。我等着一半在此哑请，着一半入朝启奏。"

当分了四个太监，六个校尉，更不待宣召，径入朝，当阶奏道："主公万千之喜！"那国王正与三藏膳毕清谈，忽闻此奏，问道："喜自何来？"太监奏道："奴婢等早领出招医皇榜，鼓楼下张挂，有东土大唐远来取经的一个圣僧孙长老揭了，现在会同馆内，要王亲自去请他，他有手到病除之功。故此特来启奏。"国王闻言，满心欢喜，就问唐僧道："法师有几位高徒？"三藏合掌答曰："贫僧有三个顽徒。"国王问："那一位高徒善医？"三藏道："实不瞒陛下说，我那顽徒，俱是山野庸才，只会挑包背马，转涧寻波，带领贫僧登山踄岭，或者到险峻之处，可以伏魔擒怪，捉虎降龙而已。更无一个能知药性者。"国王道："法师何故太谦？朕当今日登殿，幸遇法师来朝，诚天缘也。高徒既不知医，他怎肯揭我榜文，教寡人亲迎？断然有医国之能也。"叫："文武众卿，寡人身虚力怯，不敢乘辇。汝等可替寡人，俱到朝外，敦请孙长老看朕之病。汝等见他，切不可轻慢，称他做'神僧孙长老'，皆以君臣之礼相见。"

那众臣领旨，与看榜的太监、校尉径至会同馆，排班参拜。唬得那八戒躲在房厢，沙僧闪于壁下。那大圣，看他坐在当中，端然不动。八戒暗地里怨恶道："这猢狲活活的折杀也！怎么这许多官员礼拜，更不还礼，也不站将起来！"不多时，礼拜毕，分班启奏道："上告神僧孙长老，我等俱朱紫国王之臣，今奉王旨，敬以洁礼参请神僧，入朝看病。"行者方才立起身来，对众道："你王如何不来？"众臣道："我王身虚力怯，不敢乘辇，特令臣等代见君之礼，拜请神僧也。"行者道："既如此说，列位请前行，我当随至。"众臣各依品从，作队而走。行者整衣而起。

扩展阅读：

孙悟空见到求医皇榜，犹如发现了绝佳的契机，心中激动，当即采取行动，揭下榜单，准备施展其医术潜能。这一举动彰显了孙悟空善于把握环境中的机会，勇于挑战自我，以求得个人成长与进步的特质。

在职场的广阔舞台上，机遇与挑战并存，它们如同璀璨的星辰，点缀在我们的职业道路上。拥有一双敏锐的眼睛，去发现并捕捉这些稍纵即逝的机会，是我们职场生涯中不可或缺的能力。面对各种重要的资源和平台，我们应当积极主动地去利用，将其转化为自我成长的催化剂。例如，通过参与项目、学习新技能、拓展人脉关系等方式，我们可以不断锻炼自己的能力，拓宽技能版图，使自己在专业领域内更加游刃有余。这样的过程，不仅能够帮助我们实现个人专业价值的提升，更能在激烈的职场竞争中脱颖而出，赢得更多的认可与机遇。因此，善于把握职场资源，勇于挑战自我，是我们在职场中不断进步与成长的关键。

自我了解才能抓住机遇

孙悟空主动揭下皇榜为国王治病，其中缘由之一可能是内心的正义感和同情心。面对世人的围观与国王的疑虑，孙悟空想出用金丝进行诊脉的巧妙方法，也展现着他的聪慧与能力。他不会因为质疑而有所退却，因为他知晓自己的能力，能够判断出国王的疾病。朱紫国中的孙悟空，让我们不仅看到孙悟空有勇气的一面，同样也让我们看到了他具备了多种技能。

在职场上也是如此，精准、及时地把握住每一个机会和资源，是每一位职场人士都梦寐以求的能力。然而，要实现这一目标，必须深入了解自我，明确自己的优势、劣势、兴趣所在，以及对职业发展有长远规划。只有当我们清晰地认识到自己在职场中的定位和需求时，才能更加敏锐地察觉到哪些机会和资源是与自己最为契合的，从而做出最为明智的选择。同时，了解自我还能帮助我们更好地规划自己的职业发展路径，避免盲目跟风或错失良机。因此，对于每一位职场人来说，深入自我探索，不断提升自我认知，是把握机会、实现职业成功的重要前提。

内外联动破难题

孙悟空朱紫国行医的故事，还深刻体现了内外联动破难题的智慧和策略。孙悟空虽然此前没有行医的经历，但他清楚自己的能力与责任，面对求医皇榜，他勇于展现自己的医术，帮助他人脱离病痛，这不仅仅是他对自身内在潜能的发掘和运用，更是他人格魅力的展现。而在行医过程中，孙悟空还巧妙地整合和利用了外在资源——营造影响力，让自己得以见到朱紫国王，为治病创造了条件。孙悟空在行医过程中，将内在潜能和外在资源紧密结合，获得了内外联动的强大力量。

在职场上，想要真正利用好身边的资源，实现自我价值的最大化，也必须学会内部与外部联动。内部联动，是指要深入挖掘自身的潜能和优势，了解自己的长处和短处，从而有针对性地提升自我。比如，通过不断学习新知识、掌握新技能，让自己在职场上更加游刃有余。同时，也要善于反思和总结，从失败中汲取教训，从成功中提炼经验。外部联动，则是要学会借助职场中的资源和人脉，为自己的职业发展铺路搭桥。这包括与同事建立良好的合作关系，向上级争取更多的发展机会，以及向行业内的专家请教和学习。有时候，一个恰当的引荐，或一次深入的交流，就可能成为职业生涯中的转折点。

利用领导肯定，多维度为未来积累经验

孙悟空在朱紫国准备施展医术之时，并未急于求成，而是先巧妙地制造了声势，放出豪言壮语，让众臣相信他的水平必定不一般，进而通报给国王。国王听闻后，对孙悟空的医术产生了浓厚的兴趣与信任，坚信他能够解救自己于病痛之中。于是，国王按照孙悟空的要求，特意派遣使者，以隆重而恭敬的礼仪邀请孙悟空入官，赐予他为国王治病的难得机会。

正如孙悟空在朱紫国巧妙布局，赢得国王信任，得到为其医治的机会一样，职场人士在追求职业发展的道路上，也应深刻理解并积极实践这样一个道理：想要把握职场资源和机会，就必须积极求得领导的肯定，从而获取更多的锻炼机会，为未来积累宝贵的经验。

在职场中，领导的肯定是衡量个人能力与价值的重要标尺。它不仅能够为职场人士带来直接的晋升机会和薪酬待遇的提升，更重要的是，它能够为职场人士赢得更多的信任与尊重，从而为其争取到更多的锻炼与实践机会。这些机会，无论是参与重大项目的决策与执行，还是承担关键岗位的职责与任务，都是职场人士成长道路上不可或缺的磨刀石，能够帮助我们不断提升自己的专业技能、团队协作能力和解决问题的能力，以在将来实现个人职业发展的飞跃。

智慧取经：职场成功的策略与智慧

❧

所谓"职场成功"，对不同的人来说，其内涵可能有着各种差别，这和每个人的追求与渴望相关。但最基本的内容是，我们能够通过一份职业保证基本生活，并且能在体力或者脑力劳动中获得尊严与价值感。这些物质和精神的内在诉求，好比孙悟空想要兑现对朱紫国国王所作出的，从赛太岁手中救出金圣宫娘娘的承诺。那么，如何取得战胜妖魔的关键法宝"紫金铃"的方法，则象征着我们取得职场成功所需要的策略与智慧。我们不妨先来看看孙悟空的做法：

转山坡，迎着小妖，打个起手道："长官，那里去？送的是甚么公文？"那妖物就像认得他的一般，住了锣槌，笑嘻嘻的还礼道："我大王差我到朱紫国下战书的。"行者借口问道："朱紫国那话儿，可曾与大王配合哩？"小妖道："自前年摄得来，当时就有一个神仙，送一件五彩仙衣与金圣宫妆新。他自穿了那衣，就浑身上下都生了针刺，我大王摸也不敢摸他一摸。但挽着些儿，手心就痛，不知是甚缘故。自始至今，尚未沾身。早间差先锋去要宫女伏侍，被一个甚么孙行者战败了。大王奋怒，所以教我去下战书，明日与他交战也。"行者道："怎的大王却着恼呵？"小妖道："正在那里着恼哩。你去与他唱个道情词儿解解闷也好。"

⋯⋯⋯⋯

行者道："吃酒还是小事。我问陛下：金圣宫别时，可曾留下个甚么表记？你与我些儿。"那国王听说"表记"二字，却似刀剑剜心，忍不住失声泪下，说道：

"当年佳节庆朱明，太岁凶妖发喊声。

强夺御妻为压寨，寡人献出为苍生。

更无会话并离话，那有长亭共短亭！

表记香囊全没影，至今撇我苦伶仃！"

行者道："陛下〔相见〕在迩，何以恼为？那娘娘既无表记，他在宫时，可有甚么心爱之物，与我一件也罢。"国王道："你要怎的？"行者道："那妖王实有神通。我见他放烟、放火、放沙，果是难收。纵收了，又恐娘娘见我面生，不肯同我回国。须是得他平日心爱之物一件，他方信我，我好带他回来。为此故要带去。"国王道："昭阳宫里，梳妆阁上，有一双黄金宝串，原是金圣宫手上带的。只因那日端午，要缚五色彩线，故此褪下，不曾戴上。此乃是他心爱之物，如今现收在减妆盒里。寡人见他遭此离别，更不忍见；一见即如见他玉容，病又重几分也。"行者道："且休题这话。且将金串取来。如舍得，都与我拿去；如不舍，只拿一只去也。"国王遂命玉圣宫取出。取出即递与国王，国王见了，叫了几声"如疼着热的娘娘"，遂递与行者。行者接了，套在肐膊①上。

⋯⋯⋯⋯⋯

行者见了，公然傲慢那妖精，更不循一些儿礼法，调转脸，朝着外，只管敲锣。妖王问道："你来了？"行者不答。又问："有来有去，你来了？"也不答应。妖王上前扯住道："你怎么到了家还筛锣？问之又不答，何也？"行者把锣往地下一掼道："甚么'何也，何也'！我说我不去，你却教我去。行到那厢，只见无数的人马列成阵势，见了我，就都叫：'拿妖精！拿妖精！'把我揪揪扯扯，拽拽扛扛，拿进城去。见了那国王，国王便教'斩

---

① 肐膊：即"胳膊"。

了'。幸亏那两班谋士道：'两家相争，不斩来使。'把我饶了。收了战书，又押出城外，对军前打了三十顺腿，放我来回话。他那里不久就要来此与你交战哩。"妖王道："这等说，是你吃亏了。怪不道问你更不言语。"行者道："却不是怎的？只为护疼，所以不曾答应。"妖王道："那里有多少人马？"行者道："我也唬昏了，又吃他打怕了，那里曾查他人马数目！只见那里森森兵器摆列着：

弓箭刀枪甲与衣，干戈剑戟并缨旗。剽枪月铲兜鍪①铠，大斧团牌铁蒺藜。长闷棍，短窝槌，钢叉铣铇及头盔。打扮得鞝②鞋护顶并胖袄，简鞭袖弹与铜锤。"

那王听了笑道："不打紧！不打紧！似这般兵器，一火皆空。你且去报与金圣娘娘得知，教他莫恼。今早他听见我发狠，要去战斗，他就眼泪汪汪的不干。你如今去说那里人马骁勇，必然胜我，且宽他一时之心。"

…………

行者道："我且问你：他那放火，放烟，放沙的，是件甚么宝贝？"娘娘道："那里是甚宝贝！乃是三个金铃。他将头一个幌一幌，有三百丈火光烧人；第二个幌一幌，有三百丈烟光熏人；第三个幌一幌，有三百丈黄沙迷人。烟火还不打紧，只是黄沙最毒。若钻入人鼻孔，就伤了性命。"行者道："利害！利害！我曾经着，打了两个嚏喷，却不知他的铃儿放在何处？"娘娘道："他那肯放下，只是带在腰间，行住坐卧，再不离身。"行者道："你若有意于朱紫国，还要相会国王，把那烦恼忧愁，都且权解，使出个风流喜悦之容，与他叙个夫妻之情，教他把铃儿与你收贮。待我取便偷了，降了这妖怪，那时节，好带你回去，重谐鸾凤，共享安宁也。"那娘娘依言。

---

① 兜鍪：指古代战士的头盔。
② 鞝（wēng）：靴子在踝骨以上的部分。

扩展阅读：

成功救出金圣宫娘娘，盗取紫金铃，并非探囊取物，而需要孙悟空事先做好准备，想好计谋。不管是向"有来有去"探听消息，询问朱紫国国王是否存在具有纪念性的物件，还是在"赛太岁"面前佯装吃亏，让金圣宫娘娘使计骗取紫金铃，都给我们提供了一些颇具启发意义的职场经验。

全面掌握信息，做到心中有数

"没有调查，就没有发言权"，诚哉斯言。在追求事业成功的道路上，信息的充分获取与精准掌握，无疑扮演着举足轻重的角色。我们需要全面掌握信息，意味着要对所处行业的发展现状与未来趋势有着清晰的认知，明确个人能力与岗位需求的匹配程度，更要精准把握每一项具体任务中的预期目标、潜在难点与核心要点。这样的信息积累，不仅能为我们指明行动的方向，更能避免盲目行动与无效努力。它让我们在纷繁复杂的环境中，能够迅速识别出关键路径，减少不必要的摸索与试错，从而大幅提升执行效率与工作成效。

然而，在当下这个信息爆炸的时代，虽然信息量空前庞大，但信息的分布却极不均衡，形成了难以逾越的信息鸿沟。面对这一挑战，我们应当展现出积极主动的态度，充分利用身边的一切资源与渠道，无论是传统的图书资料、行业报告，还是新兴的社交媒体、大数据分析，都应成为我们获取信息的有力工具。通过持续的学习与探索，不断拓宽信息获取的边界，确保自己始终站在信息的前沿。

当信息的积累达到一定的量级与深度，我们便能真正做到对各项任务心中有数。这时，我们拥有了做出科学合理安排的基本要素，能够根据实际情况灵活调整策略，确保任务的高效推进与圆满完成。

长远眼光，整体布局

孙悟空通过有来有去了解到赛太岁的基本情况后，并没有立刻打入洞中，而是折返回朱紫国，这是为什么呢？因为他已经想到营救金圣宫娘娘时会遇到的问题之一，即娘娘如何相信一个素未谋面者的一面之词，如何辨别自己究竟是好意还是别有用心。这其实就强调了长远眼光、整体布局的重要性。

试想一下，如果在职场中缺少提前布局的眼光和未雨绸缪的自觉，缺少"风物长宜放眼量"的胸襟与心怀，那么，我们似乎只能被问题推着往前走，失去了主体性和能动性，对于未知的风险挑战毫无应对能力，对于可能出现的困境与挫折也没有基本的心理建设和走出去的魄力。而这恰恰是使我们不能够长远和持续发展的重要原因，我们应该对此有清醒的认知。

有勇更需有谋

《三国演义》中的诸葛亮凭借空城计吓退司马懿的大军，这并非是匹夫之勇，而是一种战略魄力，成功的关键在于他料准了司马懿不敢贸然进攻的保守心理。而孙悟空能够完成朱紫国一行中的救人除魔任务，靠的也不仅仅是蛮力与勇气，还有智谋。比如，为了削弱敌方的战斗力，他让娘娘用计向赛太岁灌酒，让其放松警惕交出紫金铃，又变作侍女窃取了紫金铃。

这些生动的例子都在告诉我们，对于职场中的工作，除了需要具备踏实与勤奋等必备品质，还需要巧思与才智。发散性的思维和一些创新性问题的解决方案，往往会给工作带来出人意料的正面效应。

总的来说，取经之路崎岖坎坷，我们需要充分调动主观能动性，找准和发掘有效的策略。要统筹多方信息资源，锻炼全局眼光和发散巧思才智，才能富有智慧地取得真经，而不是懵懵懂懂地缘木求鱼。

看似不合理的现象，都有其缘由

◡◠

在职场中，我们时常会遇到一些初看之下难以理解的现象，这些现象或许令人困惑，或许看似不合逻辑，但它们的背后往往隐藏着复杂的缘由和深层次的问题。如何妥善处理这些看似怪异的情况，不仅考验着我们的应变能力和智慧，更关乎我们的职业发展。

接下来，让我们一同走进孙悟空的世界，看看他在狮驼岭面临类似困境时是如何应对的。

好大圣，捻着诀，念个咒，摇身一变，变做个苍蝇儿，轻轻飞在他帽子上，侧耳听之。只见那小妖走上大路，敲着梆，摇着铃，口里作念道："我等巡山的，各人要谨慎提防孙行者，他会变苍蝇！"行者闻言，暗自惊疑道："这厮看见我了？若未看见，怎么就知我的名字，又知我会变苍蝇！……"原来那小妖也不曾见他，只是那魔头不知怎么就分付他这话，却是个谣言，着他这等胡念。行者不知，反疑他看见，就要取出棒来打他，却又停住，暗想道："曾记得八戒问金星时，他说老妖三个，小妖有四万七八千名。似这小妖，再多几万，也不打紧，却不知这三个老魔有多大手段。等我问他一问，动手不迟。"

好大圣！你道他怎么去问：跳下他的帽子来，丁在树头上，让那小妖先行几步，急转身腾那，也变做个小妖儿，照依他敲着梆，摇着铃，揝着旗，一般衣服，只是比他略长了三五寸，口里也那般念着，赶上前叫道："走路的，等我一等。"那小妖回头道："你是那里来的？"行者笑道："好人呀！一家人也不认得！"小妖道："我家没你呀。"行者道："怎的没我？你认认看。"小妖道："面生，认不得！认不得！"行者道："可知道面生。我是烧火的，你会得我少。"小妖摇头道："没有！没有！我洞里就是烧火的那些兄弟，也没有这个嘴尖的。"行者暗想道："这个嘴好的变尖了些了。"即低头，把手捃着嘴揉一揉道："我的嘴不尖啊。"真个就不尖了。那小妖道："你刚才是个尖嘴，怎么揉一揉就不尖了？疑惑人子！大不好认！不是我一家的！少会，少会！可疑，可疑！我那大王家法最严，烧火的只管烧火，巡山的只管巡山，终不然教你烧火，又教你来巡山？"行者口乖①，就趁过来道："你不知道，大王见我烧得火好，就升我来巡山。"

小妖道："也罢。我们这巡山的，一班有四十名，十班共四百名，各自年貌，各自名色。大王怕我们乱了班次，不好点卯，一家与我们一个牌儿为号。你可有牌儿？"行者只见他那般打扮，那般报事，遂照他的模样变了；因不曾看见他的牌儿，所以身上没有。好大圣，更不说没有，就满口应承道："我怎么没牌？但只是刚才领的新牌。拿你的出来我看。"那小妖那里知这个机括，即揭起衣服，贴身带着个金漆牌儿，穿条绿绒绳儿，扯与行者看看。行者见那牌背是个"威镇诸魔"的金牌，正面有三个真字，是"小钻风"。他却心中暗想道："不消说了！但是巡山的，必有个'风'字坠脚。"便道："你且放下衣走过，等我拿牌儿你看。"即转身插下手，将尾巴梢儿的小毫毛拔下一根，捻他把，叫："变！"即变做个金漆牌儿，也穿上个绿绒绳儿，上书三个真字，乃"总钻风"，拿出来，递与他看了。小妖大惊道："我们都叫做个小钻风，偏你又叫做

---

① 口乖：指说话机灵、巧妙，能够随机应变，善于言辞，使人听了高兴或信服。

个甚么'总钻风'！"行者干事找绝①，说话合宜，就道："你实不知。大王见我烧得火好，把我升个巡风；又与我个新牌，叫做'总巡风'，教我管你这一班四十名兄弟也。"那妖闻言，即忙唱喏道："长官，长官，新点出来的，实是面生。言语冲撞，莫怪！"行者还着礼笑道："怪便不怪你，只是一件：见面钱却要哩。每人拿出五两来罢。"小妖道："长官不要忙，待我向南岭头会了我这一班的人，一总打发罢。"行者道："既如此，我和你同去。"那小妖真个前走，大圣随后相跟。

不数里，忽见一座笔峰。何以谓之笔峰？那山头上长出一条峰来，约有四五丈高，如笔插在架上一般，故以为名。行者到边前，把尾巴掬一掬，跳上去，坐在峰尖儿上，叫道："钻风！都过来那！"这小钻风在下面躬身道："长官，伺候。"行者道："你可知大王点我出来之故？"小妖道："不知。"行者道："大王要吃唐僧，只怕孙行者神通广大，说他会变化，只恐他变作小钻风，来这里蹲着路径，打探消息，把我升作总钻风，来查勘你这一班可有假的。"小钻风连声应道："长官，我们俱是真的。"行者道："你既是真的，大王有甚本事，你可晓得？"小钻风道："我晓得。"行者道："你晓得，快说来我听。如若说得合着我，便是真的；若说差了一些儿，便是假的。我定拿去见人王处治。"

扩展阅读：

在面对狮驼岭这一看似无法跨越的巨大障碍时，孙悟空展现出了非凡的冷静与智慧。他没有被狮驼岭上漫山遍野妖精的传言所吓倒，而是选择以智取胜，通过搜集关键情报，逐步揭开了狮驼岭真实情况的神秘面纱。

孙悟空将战胜这些妖精视为取经路上不可或缺的一环，视为对自己意志和能力的考验。而这一切的背后，正是他对自己使命的坚定信念——无论前路多么艰险，他都必须为唐僧扫清一切障碍，确保他们能够顺利到达西天，取得真经。

---

① 找绝：形容做事做得非常巧妙、周全，没有遗漏或破绽。

这个故事也能给我们的职场生存提供宝贵启示。在职场上，我们同样会遇到各种看似难以克服的困难和挑战，如同孙悟空面对狮驼岭一般。但正如孙悟空所展现的那样，我们应该保持冷静，不被困难所吓倒，还要通过智慧去寻找解决问题的方法。

同时，我们也应该像孙悟空一样，将每一次挑战视为一次成长的机会，视为对自己能力的锻炼和提升。只有这样，我们才能在激烈的职场竞争中立于不败之地。更重要的是，我们要始终坚守自己的职责和使命，无论遇到多大的困难，都要坚持下去，为达成目标而努力拼搏；只有这样，我们才能在职场上实现自己的价值，赢得尊重，走向成功。

冷静剖开迷雾，挖掘怪象真相

孙悟空在面对狮驼岭这一险关时，并未心生畏惧，反而展现出冷静与智慧。孙悟空通过变化成苍蝇和小妖等手段，骗取了其他巡山小妖的信任，获得了三个魔王的重要信息，揭开了狮驼岭的迷雾。这种冷静面对困境的态度，是孙悟空在取经路上不断克服困难的关键。

孙悟空的做法也能给予我们重要的启发。在职场中，我们时常会遇到一些看似不合理的现象，比如，不公平的晋升机会、不合理的薪酬分配，或是同事间莫名的误解与隔阂。面对这些困惑与挑战，我们需要保持冷静，不被表面现象所迷惑，勇于剖析迷雾背后的真相。

要做到这一点，需要我们拥有独立思考的能力，不轻易被流言蜚语所左右。我们要通过多方收集信息，了解事情的全貌，避免片面判断。同时，还要学会换位思考，从他人的角度理解问题，这有助于我们发现隐藏在现象背后的深层次原因。

在冷静剖析的过程中，我们可能会发现，所谓'不合理'往往源于信息不对称或沟通不畅。挖掘真相，既能消除疑虑，又能赢得信任与尊重。所以，面对看似不合理的现象，冷静剖析、挖掘真相是走向成熟与成功的必经之路。

把怪象当作升级的考验

狮驼岭妖魔横行，是一个充满恐怖与挑战的地方，太白金星也曾劝解唐僧师徒不要前行。但是，面对狮驼岭，作为团队核心力量的孙悟空并没有退缩，而是勇敢地迎难而上，将这次挑战视为一次自我提升的机会，运用自己的勇气、智慧和能力，最终攻克了难关。

在职场中也是如此，面对那些初看之下似乎不合逻辑或常理的现象，我们往往容易感到困惑、沮丧甚至愤怒。然而，正是在这些看似不合理的怪象面前，我们更应树立起成长型的心态，将其视为一次自我提升的宝贵机会。

将如何面对这些怪象当作一次升级自我的考验，意味着我们要主动跳出舒适区，勇于探索未知，积极寻找解决问题的策略。这一过程不仅能够帮助我们深化对职场规则的理解，还能激发我们的创新思维，提升解决问题的能力。更重要的是，通过不断挑战自我，我们能够培养出更加坚韧不拔的意志力和更加开放包容的心态，从而在职场的道路上走得更远、更稳。

明确职业使命，坚守目标灯塔

孙悟空面对狮驼岭这一充满未知与恐怖的艰巨挑战时，非但没有被那些骇人听闻的传言及重重危险所吓倒，反而更加坚定了前行的步伐。他时刻铭记着师父赋予的崇高使命——清除取经路上的所有障碍，确保师徒四人能够平安无恙地到达西天取得真经。正是这份坚定不移的信念，形成了一股强大的精神力量，支撑着孙悟空历经重重磨难，最终战胜了狮驼岭的难关，继续踏上了西行的征途。

在职场中，我们也时常会遇到一些看似不合理、令人费解的现象，这些现象很容易让我们陷入迷茫与困惑之中。然而，正是在这样的艰难时刻，能够像孙悟空一样清晰地明确自身的职业使命，便显得尤为重要。这份职业使命如同一座明亮的灯塔，在职业生涯的迷雾中为我们指引前行的方向，让我们能够始终保持清醒与坚定。坚守这座灯塔，意味着我们不会因眼前的乱象而轻易偏离既定的职业轨道，而是会将其视为暂时的挑战与磨砺。有了这样坚不可摧的信念支撑，我们就能更加从容不迫地应对各种复杂局面，确保自己的职业发展始终沿着正确的方向稳步前行，不断攀登新的高峰。

初心不改，终成正果：先有工作的态度，再有职业的高度

面对职场的"九九八十一难"，要有唐僧的勇气

我们无法否认的是，在人生的长河中，困难如影随形，无法回避。也恰恰因为这些问题的出现与解决，个人才得以积累经验和阅历，有所成长。勇气对于战胜困难有着非凡的意义，是我们在黑暗中摸索前行的力量源泉。西行取经道阻且长，而最终成功的原因之一就在于唐僧始终保持着一往无前的坚定信念和勇气。

师徒四众耽炎受热，正行处，忽见那路旁有两行高柳，柳阴中走出一个老母，右手下挽着一个小孩儿，对唐僧高叫道："和尚，不要走了！快早儿拨马东回，进西去都是死路。"唬得个三藏跳下马来，打个问讯道："老菩萨，古人云：'海阔从鱼跃，天空任鸟飞。'怎么西进便没路了？"那老母用手朝西指道："那里去，有五六里远近，乃是灭法国。那国王前生那世里结下冤仇，今世里无端造罪，二年前许下一个罗天大愿，要杀一万个和尚。这两年陆陆续续，杀够了九千九百九十六个无名和尚，只要等四个有名的和尚，凑成一万，好做圆满哩。你们去，若到城中，都是送命王菩萨！"三藏闻言，心中害怕，战兢兢的道："老菩萨，深感盛情，感谢不尽！但请问可有不进城的方便路儿，我贫僧转过去罢。"那老母笑道："转不过去，转不过去。只除是会飞的，就过去了也。"八

戒在旁边卖嘴道："妈妈儿莫说黑话,我们都会飞哩。"

行者火眼金睛,其实认得好歹,——那老母挽着孩儿,原是观音菩萨与善财童子。——慌得倒身下拜,叫道:"菩萨,弟子失迎!失迎!"那菩萨一朵祥云,轻轻驾起,吓得个唐长老立身无地,只情跪着磕头。八戒、沙僧也慌跪下,朝天礼拜。一时间,祥云缥缈,径回南海而去。行者起来,扶着师父道:"请起来,菩萨已回宝山也。"三藏起来道:"悟空,你既认得是菩萨,何不早说?"行者笑道:"你还问话不了,我即下拜,怎么还是不早哩?"八戒、沙僧对行者道:"感蒙菩萨指示,前边必是灭法国,要杀和尚,我等怎生奈何?"行者道:"呆子休怕!我们曾遭着那毒魔狠怪,虎穴龙潭,更不曾伤损。此间乃是一国凡人,有何惧哉?只奈这里不是住处。天色将晚,且有乡村人家上城买卖回来的,看见我们是和尚,嚷出名去,不当稳便。且引师父找下大路,寻个僻静之处,却好商议。"真个三藏依言,一行都闪下路来,到一个坑坎之下坐定。行者道:"兄弟,你两个好生保守师父,待老孙变化了,去那城中看看,寻一条僻路,连夜去也。"三藏叮嘱道:"徒弟呵,莫当小可。王法不容,你须仔细!"行者笑道:"放心!放心!老孙自有道理。"

好大圣,话毕,将身一纵,唿哨的跳在空中。怪哉:

上面无绳扯,下头没棍撑,

一般同父母,他便骨头轻。

伫立在云端里,往下观看,只见那城中喜气冲融,祥光荡漾。行者道:"好个去处!为何灭法?"看一会,渐渐天昏,又见那:

十字街灯光灿烂,九重殿香蔼钟鸣。七点皎星昭碧汉,八方客旅卸行踪。六军营,隐隐的画角才吹;五鼓楼,点点的铜壶初滴。四边宿雾昏昏,三市寒烟蔼蔼。两两夫妻归绣幕,一轮明月上东方。

扩展阅读:

在这一回中,师徒四人要经过的地方并无妖魔鬼怪,他们遇到的难题变成了此处之人专杀和尚。虽然唐僧在听到菩萨和善财童子二人的报信时，表现出担忧和惊恐，但他也忍着内心的恐惧和徒弟们商量应对之法，并未临阵脱逃，有所退缩。职场中也有无法避免的困难，我们应该始终保持勇气，具有应对战胜困难的自信和魄力。

无畏无惧的心性

历史长河中，许多伟大人物因为保持无畏无惧的心性而书写人生之传奇。哥白尼敢于冲破宗教教义的重重枷锁，提出日心说，以无畏的勇气挑战当时被视为不可动摇的权威。他不仅在众人异样的眼光中，还在可能发生的迫害面前，凭借着对自己研究成果的笃定，坚定的推动天文学革命。再看圣女贞德，在硝烟弥漫的战争里，她以女子之身率领士兵冲锋陷阵，毫无惧色地面对强大的敌军，最终成为法国历史上的杰出民族英雄。

现代社会中，许多人被舒适区所束缚，害怕未知的风险，担心失败后的尴尬与损失，导致无法主动跳出舒适区，开拓工作的新境界。当然我们也应该明白，拥有一颗勇敢的心并非轻而易举，它需要通过不断磨炼、反思，以及自我激励等逐渐养成，是一种内在的精神力量。而一旦这种品格扎根于人的灵魂深处，便能让人在生命的长河中乘风破浪，真正成为生活的强者，职场中的强者。

吃苦耐劳的精神

中国现代文学史上的著名作家丁玲曾说："人只要有一种信念，有所追求，什么艰苦都能忍受，什么环境也都能适应。"这恰似对唐僧西行取经精神的现代诠释——那是一种超越物质、凌驾于困难之上的无畏与坚持。吃苦耐劳是成功所需的品质，这种精神宛如一颗坚韧的种子，无论被播种在何种艰苦的环境中，都具有顽强的生命力，可以茁壮成长。在职场的广阔舞台上，这种吃苦耐劳的品质同样熠熠生辉。它促使我们面对工作时一丝不苟，不畏艰难，勇于担当；它激励我们在日复一日的奋斗中，不断沉淀自我，精益求精，以持久的耐心和不懈的努力，雕琢属于自己的事业丰碑。正如唐僧在西行取经路上所展现的坚韧不拔，每一次跌倒都是为了更坚强地站起，每一次挑战都是通往成功的必经之路。

风雨中的海上水手

"风雨兼程"不仅是自然界的常态，更是职场人生的真实写照，它要求每一位航行在职场海洋中的水手，不仅要跟随进取的航道，更要紧握担当的舵轮，就像唐僧一样。师徒四人在西行取经途中遇到了一个对和尚充满敌意的国度，这是一个更为棘手、更考验人性与信念的试炼场。唐僧，这位慈悲为怀的取经人，在初闻菩萨和善财童子的警示时，内心难免泛起涟漪，担忧与惊恐之情溢于言表。然而，这份恐惧并未成为他前行的绊脚石，反而激发了他更加坚定的决心和勇气。

在职场的征途中，我们每个人都是自己人生航船上的掌舵者，面对未知与挑战，首要之务便是确立清晰明确的目标，正如唐僧心中那份坚定不移的取经之志。只有明确了前行的方向，我们才能在职场的惊涛骇浪中，不被外界的诱惑所干扰，不管外界的声音是多么嘈杂且混乱，我们也能时刻保持自己内心深处的清醒与坚定。

同时，正确的判断与应对策略，是我们穿越风雨、规避风险的必备技能。唐僧师徒四人，面对专杀和尚的国度，没有选择逃避或退缩，而是聚在一起商讨对策，展现出了一种难能可贵的冷静与智慧。在职场上，我们也应如此，面对困难与挑战，不仅要勇于面对，更要学会分析问题的本质，制订出行之有效的解决方案，从而在复杂多变的环境中稳步前行。

当我们在职场的风雨中，以无畏的精神迎接每一次挑战，不断磨砺自我，于磨难中成长，我们不仅能够克服眼前的困境，更能在此过程中收获宝贵的经验与智慧，书写出一段段无愧于自我、闪耀生命光芒的辉煌篇章。这样的职场之旅，虽风雨交加，却也风景独好，因为每一步都踏在了通往理想彼岸的坚实道路上。

胸怀大局，别总盯着一处看

◣◢◣◢

在纷繁复杂、信息爆炸的社会里，人们往往被眼前逼仄的小天地所束缚，总是盯着某一处而忽略了更广阔的世界。当我们把目光聚焦于狭小的范围，就如同盲人摸象，只能根据局部感受去判断整体，难免得出片面的看法甚至错误的结论。在《西游记》第八十五回中，孙悟空一行人也遇到过类似的问题：

　　正都在悚惧之际，又一个小妖上前道："大王莫恼莫怕。常言道：'事从缓来。'若是要吃唐僧，等我定个计策拿他。"老妖道："你有何计？"小妖道："我有个'分瓣梅花计'。"老妖道："怎么叫做'分瓣梅花计'？"小妖道："如今把洞中大小群妖，点将起来，千中选百，百中选十，十中只选三个，须是有能干，会变化的，都变做大王的模样，顶大王之盔，贯大王之甲，执大王之杵，三处埋伏。先着一个战猪八戒，再着一个战孙行者，再着一个战沙和尚：舍着三个小妖，调开他弟兄三个。大王却在半空伸下拿云手去捉这唐僧，就如探囊取物，就如鱼水盆内捻苍蝇，有何难哉！"老妖闻此言，满心欢喜，道："此计绝妙！绝妙！这一去，拿不得唐僧便罢，若是拿了唐僧，决不轻你，就封你做个前部先锋。"小妖叩头谢恩，叫点妖怪。即将洞中大小妖精点起，果然选出三个有能的小妖，俱变做老妖，各持铁杵，埋伏等待唐僧不题。

却说这唐长老无虑无忧，相随八戒上大路。行够多时，只见那路旁边扑禄的一声响亮，跳出一个小妖，奔向前边，要捉长老。孙行者叫道："八戒！妖精来了，何不动手？"那呆子不认真假，掣钉钯赶上乱筑。那妖精使铁杵急架相迎。他两个一往一来的，在山坡下正然赌斗，又见那草科里响一声，又跳出个怪来，就奔唐僧。行者道："师父！不好了！八戒的眼拙，放那妖精来拿你了，等老孙打他去！"急掣棒迎上前喝道："那里去！看棒！"那妖精更不打话，举杵来迎。他两个在草坡下一撞一冲，正相持处，又听得山背后呼的风响，又跳出个妖精来，径奔唐僧。沙僧见了，大惊道："师父！大哥与二哥的眼都花了，把妖精放将来拿你了！你坐在马上，等老沙拿他去！"这老沙也不分好歹，即掣杖，对面挡住那妖精铁杵，恨苦相持。吆吆喝喝，乱嚷乱斗，渐渐的调远。那老怪在半空中，见唐僧独坐马上，伸下五爪钢钩，把唐僧一把挝住。那师父丢了马，脱了镫，被妖精一阵风径摄去了。可怜！这正是：禅性遭魔难正果，江流又遇苦灾星！

老妖按下风头，把唐僧拿到洞里，叫："先锋！"那定计的小妖上前跪倒，口中道："不敢！不敢！"老妖道："何出此言？大将军一言既出，如白染皂。当时说拿不得唐僧便罢，拿了唐僧，封你为前部先锋。今日你果妙计成功，岂可失信于你？你可把唐僧拿来，着小的们挑水刷锅，搬柴烧火，把他蒸一蒸，我和你都吃他一块肉，以图延寿长生也。"先锋道："大王，且不可吃。"老怪道："既拿来，怎么不可吃？"先锋道："大王吃了他不打紧，猪八戒也做得人情，沙和尚也做得人情，但恐孙行者那主子刮毒。他若晓得是我们吃了，他也不来和我们厮打，他只把那金箍棒往山腰里一搠，搠个窟窿，连山都搠倒了，我们安身之处也无之矣！"老怪道："先锋，凭你有何高见？"先锋道："依着我，把唐僧送在后园，绑在树上，两三日不要与他饭吃。一则图他里面干净，一则等他三人不来门前寻找，打听得他们回去了，我们却把他拿出来，自自在在的受用，却不是好？"老怪笑道："正是，正是！先锋说得有理！"

扩展阅读：

在这一难中，面对一个个来袭的妖精，悟空、八戒和沙和尚，三者都没有注意到保护唐僧才是最主要的任务，只看到表面现象，踏入妖精设计好的圈套里，注意力都集中在与妖精的对战上，而忽略了保护唐僧这一主要任务。最终，小妖向妖王提出的"分瓣梅花计"顺利实施，捉拿唐僧得逞。由此能给职场带来的启发是，要有全局眼光，从零散的部分现象中敏锐发现本质，守好底线。

分清主次，抓住重点

保护唐僧是主要的、重点的；与妖精对战是次要的、非重点的。如果不能分清主次、抓住重点，就会落入陷阱、造成损失。中国航天事业的发展便是生动例证。在航天工程中，众多环节繁杂如星，但科研人员始终明确主次。他们将核心技术的突破作为重点，集中力量攻克关键难题。与此同时，对于一些非核心的辅助环节，则合理调配资源。正是这种分清主次、抓住重点的智慧，让中国航天从"神舟"飞天到"嫦娥"奔月，不断取得辉煌成就。这启示我们，无论面对何种事务，都要学会梳理，把握关键，如此方能高效前行，实现目标。

职场中抓住个人发展的主要意图、团队工作的重点和主要矛盾，就好比在黑暗中找到灯塔，如此便能合理分配资源，高效达成目标。

从特殊中看到普遍

在《西游记》的某一难中，师徒四人遭遇了前所未有的挑战。面对接踵而至的妖精，悟空、八戒、沙和尚这三位护法，尽管个个武艺高强，却在关键时刻忽略了他们最根本的职责——保护唐僧。他们被眼前的表象所迷惑，只看到了妖精设下的圈套中的冰山一角，甚至陷入了恋战的泥潭，将注意力过分地集中在了与妖精的对战上，而忽视了唐僧的安全这一首要任务。正是这种对特殊情况的片面关注，导致他们未能洞察到妖精精心策划的"分瓣梅花计"，最终让唐僧落入了妖精之手。

在职场的广阔舞台上，这一情节同样具有深刻的启示意义。如同每一位员工独特的工作风格和技能专长构成了职场生态的多样性和活力，然而，作为管理层，在面对新的项目任务时，如果仅仅聚焦于个别员工的特殊才能，试图通过复制个别成功案例来推动整体进步，往往会发现难以持续且难以复制。因为特殊背后往往隐藏着难以言喻的偶然性和不可复制性。

真正的智慧在于从特殊中提炼出普遍性的规律。就像悟空、八戒、沙和尚虽然各有千秋，但优秀的员工往往都具备一些共同的特质，如高效的时间管理、严谨的任务规划、积极的团队协作态度等。这些普遍性要素，才是推动团队整体效能提升的关键所在。管理层应当善于观察、总结，将这些普遍性经验提炼出来，并推广应用到全体员工之中，形成一套可复制、可推广的工作方法。

从特殊到普遍的转化，不仅是职场中个体经验汇聚成集体智慧的重要途径，更是企业提升整体运作效率、增强灵活应对多变环境能力的核心所在。它要求管理者具备敏锐的洞察力和深刻总结的能力，能够在纷繁复杂的个体现象中，抽丝剥茧，找到背后的普遍规律，从而引领团队在激烈的市场竞争中立于不败之地。

锻炼统筹能力

在职场中具备统筹能力是一种极为关键的品质，可以让个体能够明确繁多任务的优先级，合理分配时间与手中资源，协调不同部门间的合作关系，确保信息流畅；又能在面对突发情况下迅速调整计划，权衡利弊作出最优决策，实现效益最大化。

伟人毛主席曾言："弹钢琴要十个指头都动作，不能有的动，有的不动。但是，十个指头同时都按下去，那也不成调子。要产生好的音乐，十个指头的动作要有节奏，要相互配合。"这句话就形象地说明了完成事业需要统筹兼顾、相互配合、协调发展，在动态平衡中实现整体目标的道理。

适当越"雷池"，更能找到最优解

∾◦◦

"不积跬步，无以至千里；不积小流，无以成江海。"荀子的这句话告诉我们做事情要注意积累，稳步前行。同时，在积累的基础上我们也要适当创新，这才是发展的关键。如果始终按部就班，那么工作很难有突破性的进展；倘若过分激进或单纯讲究形式上的标新立异，那么工作可能出现重大纰漏。故而，对于职场人来讲，坚守本分和适当的冒险都是需要的，也应该掌握好其中的度。让我们先来看看孙悟空在唐僧于金平府看灯遇难后的行动吧：

> 众等既在本寺里看了灯，又到东门厢各街上游戏。到二更时，方才回转安置。
>
> 次日，唐僧对众僧道："弟子原有扫塔之愿，趁今日上元佳节，请院主开了塔门，让弟子了此愿心。"众僧随开了门。沙僧取了袈裟，随从唐僧。到了一层，就披了袈裟，拜佛祷祝毕，即将笤帚扫了一层，卸了袈裟，付与沙僧。又扫二层，一层层直扫上绝顶。那塔上层层有佛，处处开窗，扫一层，赏玩赞美一层。及扫毕下来，已此天晚，又都点上灯火。
>
> 此夜正是十五元宵，众僧道："老师父，我们前晚只在荒山与关厢看灯，今晚正节，进城里看看金灯如何？"唐僧忻然从之，同行者三人及本寺多僧进去看灯。

....

　　此时正是金吾不禁^①，乱烘烘的无数人烟。有那跳舞的，蹴跶的，妆鬼的，骑象的，东一攒，西一簇，看之不尽。却才到金灯桥上，唐僧与众僧近前看处，原来是三盏金灯。那灯有缸来大，上照着玲珑剔透的两层楼阁，都是细金丝儿编成，内托着琉璃薄片，其光幌月，其油喷香。唐僧回问众僧道："此灯是甚油？怎么这等异香扑鼻？"众僧道："老师不知。我这府后有一县，名唤旻天县。县有二百四十里。每年审造差徭，共有二百四十家灯油大户。府县的各项差徭犹可，惟有此大户甚是吃累：每家当一年，要使二百多两银子。此油不是寻常之油，乃是酥合香油。这油每一两值价银二两，每一斤值三十二两银子。三盏灯，每缸有五百斤，三缸共一千五百斤，共该银四万八千两。还有杂项缴缠使用，将有五万馀两，只点得三夜。"行者道："这许多油，三夜何以就点得尽？"众僧道："这缸里每缸有四十九个大灯马，都是灯草扎的把，裹了丝绵，有鸡子粗细；只点过今夜，见佛爷现了身，明夜油也没了，灯就昏了。"八戒在旁笑道："想是佛爷连油都收去了。"众僧道："正是此说。满城里人家，自古及今，皆是这等传说。但油干了，人俱说是佛祖收了灯，自然五谷丰登；若有一年不干，却就年程荒旱，风雨不调。所以人家都要这供献。"

　　正说处，只听得半空中呼呼风响，唬得些看灯的人尽皆四散。那些和尚也立不住脚道："老师回去罢，风来者，是佛爷降祥，到此看灯也。"唐僧道："怎见得是佛来看灯？"众僧道："年年如此，不尚三更，就有风来。知道是诸佛降祥，所以人皆回避。"唐僧道："我弟子原是思佛念佛拜佛的人，今逢佳景，果有诸佛降临，就此拜拜，多少是好。"众僧连请不回。少时，风中果现出三位佛身，近灯来了。慌得那唐僧跑上桥顶，倒身下拜。行者急忙扯起道："师父，不是好人，必定是妖邪也。"说不了，见灯光昏暗，呼的一声，把唐僧抱起，驾风而去。噫！不知是那山那洞真妖怪，

---

① 金吾不禁：金吾，古代掌管京都治安的官名。这天晚上相关警戒被解除，人们可以随意游玩。

积年假佛看金灯。唬得那八戒两边寻找，沙僧左右招呼。行者叫道："兄弟！不须在此叫唤。师父乐极生悲，已被妖精摄去了！"那几个和尚害怕道："爷爷，怎见得是妖精摄去？"行者笑道："原来你这伙凡人，累年不识，故被妖邪惑了，只说是真佛降祥，受此灯供。刚才风到处，现佛身者，就是三个妖精。我师父亦不能识，上桥顶就拜，却被他侮暗灯光，将器皿盛了油，连我师父都摄去。我略走迟了些儿，所以他三个化风而遁。"沙僧道："师兄，这般却如之何？"行者道："不必迟疑。你两个同众回寺，看守马匹、行李，等老孙趁此风追赶去也。"

…………

大圣在山崖上，正自找寻路径，只见四个人赶着三只羊，从西坡下齐吆喝："开泰。"大圣闪火眼金睛，仔细观看，认得是年、月、日、时四值功曹使者，隐像化形而来。

大圣即掣出铁棒，幌一幌，碗来粗细，有丈二长短，跳下崖来，喝道："你都藏头缩颈的那里走！"四值功曹见他说出风息，慌得喝散三羊，现了本相，闪下路旁施礼道："大圣，恕罪！恕罪！"行者道："这一向也不曾用着你们，你们见老孙宽慢，都一个个弄懒怠了，见也不来见我一见，是怎么说！你们不在暗中保佑吾师，都往那里去？"功曹道："你师父宽了禅性，在于金平府慈云寺贪欢，所以泰极生否，乐盛成悲，今被妖邪捕获。他身边有护法伽蓝保着哩。吾等知大圣连夜追寻，恐大圣不识山林，特来传报。"行者道："你既传报，怎么隐姓埋名，赶着三个羊儿，吆吆喝喝作甚？"功曹道："设此三羊，以应开泰之言，唤作'三阳开泰'，破解你师之否塞也。"行者哏哏的要打，见有此意，却就免之，收了棒，回嗔作喜道："这座山，可是妖精之处？"功曹道："正是，正是。此山名青龙山，内有洞，名玄英洞。洞中有三个妖精：大的个名辟寒大王，第二个号辟暑大王，第三个号辟尘大王。这妖精在此有千年了，他自幼儿爱食酥合香油。当年成精，到此假妆佛像，哄了金平府官员人等，设立金灯，灯油用酥合香油。他年年到正月半变佛像收油，今年见你师父，他认得是圣僧之身，连你师父都摄在洞里，不日要割剐你师之肉，使酥合香油煎吃哩。你快用工夫，救援去也。"

行者闻言，喝退四功曹，转过山崖，找寻洞府。行未数里，只见那洞边有一石崖，崖下是座石屋，屋有两扇石门，半开半掩。门旁立有石碣，上有六字，却是"青龙山玄英洞"。行者不敢擅入，立定步，叫声："妖怪！快送我师父出来！"那里唿喇一声，大开了门，跑出一阵牛头精，邓邓呆呆的问道："你是谁？敢在这里呼唤！"行者道："我本是东土大唐取经的圣僧唐三藏之大徒弟。路过金平府观灯，我师被你家魔头摄来，快早送还，免汝等性命！如或不然，掀翻你窝巢，教你群精都化为脓血！"

…………

孙行者一条棍与那三个妖魔斗经百五十合，天色将晚，胜负未分。只见那辟尘大王把扢挞藤闪一闪，跳过阵前，将旗摇了一摇，那伙牛头怪簇拥上前，把行者围在垓心，各抢兵器，乱打将来。行者见事不谐，唿喇的纵起筋斗云，败阵而走。那妖更不来赶，招回群妖，安排些晚食，众各吃了，也叫小妖送一碗与唐僧，只待拿住孙行者等才要整治。那师父一则长斋，二则愁苦，哭啼啼的未敢沾唇不题。

却说行者驾云回至慈云寺里，叫声："师弟。"那八戒、沙僧正自盼望商量，听得叫时，一齐出接道："哥哥，如何去这一日方回？端的师父下落何如？"行者笑道："昨夜闻风而赶，至天晓，到一山，不见。幸四值功曹传信道：那山叫做青龙山，山中有一玄英洞，洞中有三个妖精，唤作辟寒大王、辟暑大王、辟尘大王。原来积年在此偷油，假变佛像，哄了金平府官员人等。今年遇见我们，他不知好歹，反连师父都摄去。老孙审得此情，分付功曹等众暗中保护师父，我寻近门前叫骂。那三怪齐出，都像牛头鬼形。大的个使钺斧，第二个使大刀，第三个使藤棍。后引一窝子牛头鬼怪，摇旗擂鼓，与老孙斗了一日，杀个手平。那妖王摇动旗，小妖都来，我见天晚，恐不能取胜，所以驾筋斗回来也。"八戒道："那里想是酆都城鬼王弄喧。"沙僧道："你怎么就猜道是酆都城？"八戒笑道："哥哥说是牛头鬼怪，故知之耳。"行者道："不是！不是！若论老孙看，那怪是三只犀牛成的精。"八戒道："若是犀牛，且拿住他，锯下角来，倒值好几两银子哩！"

扩展阅读：

金平府上元之夜，唐僧观灯乐极生悲，被妖王捉走。孙悟空赶去营救师父时并未鲁莽闯入妖精的洞穴，而是"不敢擅入，立定步"，先将妖精们叫出来打探虚实，天黑以后孙悟空及时撤离，并未恋战。可见战胜妖魔靠的不单单是闯劲与勇气，还有谨慎与稳妥的思量。其实在职场中，我们同样需要类似的品质，既能够审慎筹谋，又具备果敢的特质，这样才能行稳致远。

总结与运用经验

经验与阅历是职场人的一笔宝贵财富，善于总结经验有助于我们避免重复犯错。总结是最基础的动作，这需要全面性（眼光不囿于局部或片面）、客观性（避免主观偏见）、深入性（不停留在表面现象），但更为关键的是我们能在后续工作中运用经验，不让其仅仅停留在纸面或脑海。应该注意的是，旧的经验未必完全适用于新的场所。我们不能完全照搬经验，而应学会具体问题具体分析，回顾经验并完善其运用方式，以此适应不断变化的内外部环境。

勇于突破，避免保守僵化

孙悟空在本回目中营救师父的方式是稳妥谨慎的，但是不是适用于所有情形呢？是否存在更加危急的情况，比如，妖精很有可能当即痛下杀手呢？虽然吴承恩并未写出另外一种可能，但我们也应该明白，按部就班、永远守着本分并不是持续发展的金科玉律。在职场中，过度谨慎在一定情况下也有可能成为持续发展的掣肘性因素。试想，如果职场人总是担心未知风险，反复权衡每一个微小的细节，那么就很有可能错失良机，于是这种谨慎就变成了一种保守和僵化，实质上是对创新和把握的机遇能力的缺失，而工作也可能因此走向下坡路。

因此，我们需要有主动突破的精神，敢于适当跨越所谓"雷池"，也许正是这些尝试，能让我们在工作中发现不一样的思路和境界。

权衡利弊，寻找最优解

过犹不及，谨慎或冒险都不是绝对和必然的选择，我们应当根据实际工作，权衡利弊，找出最佳解决方案。比如，对于众多可供选择的方案，尽可能全面列举其优点，同时，如实列出弊端，可能的话，对利弊进行量化分析（比如，将收益、风险概率等转化为具体数字或指标等），对于难以量化的因素展开定性分析并综合判断。这样在权衡考量时，我们既能看到短期收益，也能考虑长远影响。确定最优解以后，按照计划有效执行，实施过程中不断收集反馈信息，如果出现偏差，也可及时分析原因并加以调整。

"古之善用天下者，必量天下之权，而揣诸侯之情"，对于每一位职场人来讲，又何尝不需要这种权衡比较、追求最优解的眼光和洞见呢？

取经路贵在"坚守初心"

∿∿

职场或人生的道路漫长且荆棘丛生，我们是否会在日复一日的生活中被消磨热情？是否会因为诱惑或艰难就失掉本心？一路走来，我们又是否实现了最初的理想，成为自己想要成为的人？让我们一起来看看历经数载春秋、走过千山万水的唐僧师徒给出了怎样的回答：

却说那唐僧忧忧愁愁，随着国王至后宫，只听得鼓乐喧天，随闻得异香扑鼻，低着头，不敢仰视。行者暗里忻然，丁在那毗卢帽顶上，运神光，睁火眼金睛观看，又只见那两班彩女，摆列的似蕊宫仙府，胜强似锦帐春风。真个是：

娉婷袅娜，玉质冰肌。一双双娇欺楚女，一对对美赛西施。云髻高盘飞彩凤，娥眉微显远山低。笙簧杂奏，箫鼓频吹。宫商角徵羽，抑扬高下齐。清歌妙舞常堪爱，锦砌花团色色怡。

行者见师父全不动念，暗自里咂嘴夸称道："好和尚！好和尚！身居锦绣心无爱，足步琼瑶意不迷。"

少时，皇后、嫔妃簇拥着公主出鸩①鹊宫，一齐迎接，都道声："我王万岁，万万岁！"慌的个长老战战兢兢，莫知所措。行者早已知识，

---

① 鸩：读 zhī。

见那公主头直上微露出一点妖氛，却也不十分凶恶，即忙爬近耳朵叫道："师父，公主是个假的。"长老道："是假的，却如何教他现相？"行者道："使出法身，就此拿他耶。"长老道："不可！不可！恐惊了主驾。且待君后退散，再使法力。"

那行者一生性急，那里容得，大咤一声，现了本相，赶上前，揪住公主骂道："好孽畜！你在这里弄假成真，只在此这等受用也尽够了，心尚不足，还要骗我师父，破他的真阳，遂你的淫性哩！"唬得那国王呆呆挣挣，后妃跌跌爬爬，宫娥彩女，无一个不东躲西藏，各顾性命。好便似：

春风荡荡，秋气潇潇。春风荡荡过园林，千花摆动；秋气潇潇来径苑，万叶飘摇。刮折牡丹敧槛下，吹歪芍药卧栏边。沼岸芙蓉乱撼，台基菊蕊铺堆。海棠无力倒尘埃，玫瑰有香眠野境。春风吹折芰荷樗①，冬雪压歪梅嫩蕊。石榴花瓣，乱落在内院东西；岸柳枝条，斜睡在皇宫南北。好花风雨一宵狂，无数残红铺地锦。

三藏一发慌了手脚，战兢兢抱住国王，只叫："陛下，莫怕！莫怕！此是我顽徒使法力，辨真假也。"

却说那妖精见事不谐，挣脱了手，解剥了衣裳，捽②捽头，摇落了首饰，跑到御花园土地庙里，取出一条碓嘴样的短棍，急转身来乱打行者。行者随即跟来，使铁棒劈手相迎。他两个吆吆喝喝，就在花园斗起，后却大显神通，各驾云雾，杀在空中。

....

国王到于山门之外，只见那众僧齐齐整整，俯伏接拜，又见孙行者立在中间。国王道："神僧何先到此？"行者笑道："老孙把腰略扭一扭儿就到了，你们怎么就走这半日？"随后唐僧等俱到。长老引驾，到于

---

① 樗：读 tíng。

② 捽：读 zuó，指抓着头发。

后边房边，那公主还妆风胡说。老僧跪指道："此房内就是旧年风吹来的公主娘娘。"国王即令开门。随即打开铁锁，开了门。国王与皇后见了公主，认得形容，不顾秽污，近前一把搂抱道："我的受苦的儿呵！你怎么遭这等蜇磨，在此受罪！"真是父母子女相逢，比他人不同，三人抱头大哭。哭了一会，叙毕离情，即令取香汤，教公主沐浴更衣，上辇回国。

行者又对国王拱手道："老孙还有一事奉上。"国王答礼道："神僧有事分付，朕即从之。"行者道："他这山，名为百脚山。近来说有蜈蚣成精，黑夜伤人，往来行旅，甚为不便。我思蜈蚣惟鸡可以降伏，可选绝大雄鸡千只，撒放山中，除此毒虫。就将此山名改换改换，赐文一道敕封，就当谢此僧存养公主之恩也。"国王甚喜，领诺，随差官进城取鸡；又改山名为宝华山；仍着工部办料重修，赐与封号，唤作"敕建宝华山给孤布金寺"，把那老僧封为"报国僧官"，永远世袭，赐俸三十六石。僧众谢了恩，送驾回宫。公主入宫，各各相见。安排筵宴，与公主释闷贺喜。后妃母子，复聚首团圆。国王君臣，亦共喜，饮宴一宵不题。

次早，国王传旨，召丹青图下圣僧四众喜容，供养在华夷楼上。又请公主新妆重整，出殿谢唐僧四众救苦之恩。谢毕，唐僧辞王西去。那国王那里肯放，大设佳宴，一连吃了五六日，着实好了呆子，尽力放开肚量受用。国王见他们拜佛心重，苦留不住，遂取金银二百锭，宝贝各一盘奉谢。师徒们一毫不受。教摆銮驾，请老师父登辇，差官远送。那后妃并臣民人等俱各叩谢不尽。及至前途，又见众僧叩送，尽俱不忍相别。行者见送者不肯回去，无已，捻诀，往巽地上吹口仙气，一阵暗风，把送的人都迷了眼目，方才得脱身而去。这正是：沐净恩波归了性，出离金海悟真空。

扩展阅读：

到真假玉兔精这里，师徒四人早已经历众多磨难，取经之路也将近尾声。我们可以看到，唐僧丝毫没有丢失本心，面对种种诱惑毫不动心，也并未沉迷于短暂的安逸与喜悦中。对于职场人来说，也需要这样一份坚守价值的定力，这是我们内心深处最纯粹的力量源泉。

🏵 抵挡诱惑不动摇

苏武牧羊的故事可谓家喻户晓。他被匈奴扣押的时候，威逼利诱都不能使其投降折节。多少年，他在北海荒无人烟的地方忍受贫弱的生活，始终坚持对汉朝的忠诚，这种本心的守护最终让他名垂青史，赢得后人尊敬。在《西游记》中，真假玉兔精的故事也为我们提供了关于初心与坚持的深刻启示。唐僧师徒四人在取经路上遭遇假冒的玉兔精，面对她的狡猾与诱惑，他们凭借对取经大业的坚定信念，最终识破了假象，继续踏上了西行的征程。这一路上，他们面对的不仅有外部的威胁与挑战，更有内心的动摇与挣扎，但正是对初心的坚守，让他们能够一次次地克服困难，走向成功。

在职场中，我们也常常会遇到形形色色的诱惑与挑战。不忘初心，意味着我们要明确自己的职业目标，不被短期的利益所迷惑，不满足于一时的工作成果。我们需要时刻保持对创新的追求，不断探索新的领域与机会，以提升自己的专业素养与竞争力。同时，坚守职业操守也是至关重要的。在诱惑面前，我们要保持清醒的头脑，自觉抵制违规行为，不被贪婪所吞噬。面对职业中的挫折与困难，我们要积极应对，不轻易放弃或被其他利益所迷惑。我们要从失败中总结经验，调整策略，不断完善自我，朝着理想的目标坚定前行。正如苏武与唐僧师徒所展现的那样，坚守初心并非易事，但它却是我们走向成功与辉煌的必经之路。只有那些能够始终如一地守护自己初心的人，才能在纷繁复杂的职场中脱颖而出，成为真正的佼佼者。

拨开迷雾，言行合一

抵制诱惑、明确方向，在职场的征途中，这无疑是个人发展的前提条件。然而，仅仅停留于此还远远不够。更为关键的是，我们需要拥有强大的执行力，将那些美好的愿景与周密的规划转化为实实在在的行动。否则，再宏伟的目标、再详尽的计划，如果仅仅停留在空想和纸面之上，那么我们的工作终将难以落实，也无法取得实质性的进展与突破。

拥有强大行动力的人，他们深知"言出必行，行胜于言"的深刻道理，从不拖延、从不空谈，而是以坚定的步伐、雷厉风行的作风，向着既定的目标稳步迈进。他们懂得，在职场的竞技场上，机会稍纵即逝，唯有那些能够迅速行动、抢占先机的人，才能够把握住每一个可能改写命运的机会。

相反，那些缺乏行动力的人，即便他们拥有着卓越的才华与独到的创意，也难以在激烈的竞争中脱颖而出。因为没有行动作为支撑，再美好的想法也只能是空中楼阁，无法转化为实实在在的成果与业绩。因此，我们在职场的道路上，不仅要学会抵制诱惑、明确方向，更要注重培养自己的执行力，以坚定的步伐、务实的作风，向着更高更远的目标不断迈进。

初心矢志不渝

"初心易得，始终难守""创业容易守成难"，在漫长且充满变数的工作生涯中，能够自始至终坚守自己的本心与信念，无疑是一项极为艰巨的任务。它要求我们在面对纷繁复杂的世界时，保持内心的宁静与坚定，不为外界的诱惑与困难所动摇。然而，在现实生活中，我们不难发现，许多人随着时间的推移，渐渐偏离了自己最初设定的轨道。他们或许在事业上取得了某种程度的成功，但内心深处却难免抱有一份难以言说的遗憾和失落。这份遗憾，源于他们未能始终如一地坚守自己的初心，让生命之旅失去了原有的方向与意义。

陶渊明在官场受挫后，毅然归隐田园；苏格拉底面对死刑而无所畏惧，选择将生命献给真理和法律；屠呦呦在艰苦的科研条件下，始终坚守探索中医药奥秘的初心，最终发现青蒿素，为疟疾防治做出巨大贡献。这些正面例子都启迪我们，在面对外界纷繁复杂的干扰时，要勇敢地排除一切杂念，坚守自己的初心与信念。当我们真正做到这一点时，生命的价值将得以实现，我们也将因此享受到那份来自内心深处的喜悦与自豪。

祸福相倚，在瞬息万变的职场中稳住核心

宋代诗人杨万里有言：“正入万山圈子里，一山放过一山拦。”人生的旅途正像连绵的山脉，曲折起伏都在所难免，而顺境逆境都是暂时性的，这就需要我们用发展的眼光去看待自己的际遇。职场之中亦如此，许多未知和不确定的因素构成其瞬息万变的局势，因此，我们需要具备坚实稳定的内核，去应对各种可能的风险挑战，做到“敌军围困万千重，我自岿然不动”。唐僧师徒四人一路西行取经，也不乏祸福相依的经历，我们先来看看他们在铜台府后地灵县中的遭遇：

> 且不言唐僧等在华光破屋中，苦奈夜雨存身。却说铜台府地灵县城内有伙凶徒，因宿娼、饮酒、赌博，花费了家私，无计过活，遂伙了十数人做贼，算道本城那家是第一个财主，那家是第二个财主，去打劫些金银用度。内有一人道：“也不用缉访，也不须算计，只有今日送那唐朝和尚的寇员外家，十分富厚。我们乘此夜雨，街上人也不防备，火甲等也不巡逻，就此下手，劫他些资本，我们再去嫖赌儿耍子，岂不美哉！”众贼欢喜，齐了心，都带了短刀、蒺藜、拐子、闷棍、麻绳、火把，冒雨前来，打开寇家大门，呐喊杀入。慌得他家里若大若小，是男是女，俱躲个干净。妈妈儿躲在床底；老头儿闪在门后；寇梁、寇栋与着亲的几个儿女，都战战兢兢的四散逃走顾命。那伙贼拿着刀，点着火，将他

147

家箱笼打开,把些金银宝贝,首饰衣裳,器皿家火,尽情搜劫。那员外割舍不得,拚了命走出门来,对众强人哀告道:"列位大王,够你用的便罢,还留几件衣物与我老汉送终。"那众强人那容分说,赶上前,把寇员外撩阴一脚,踢翻在地,可怜三魂渺渺归阴府,七魄悠悠别世人!众贼得了手,走出寇家,顺城脚做了软梯,漫城墙一一系出,冒着雨连夜奔西而去。那寇家僮仆见贼退了,方才出头。及看时,老员外已死在地下。放声哭道:"天呀!主人公已打死了!"众皆伏尸而哭,悲悲啼啼。

将四更时,那妈妈想恨唐僧等不受他的斋供,因为花扑扑①的送他,惹出这场灾祸,便生妒害之心,欲陷他四众,扶着寇梁道:"儿啊,不须哭了。你老子今日也斋僧,明日也斋僧,岂知今日做圆满,斋着那一伙送命的僧也!"他兄弟道:"母亲,怎么是送命的僧?"妈妈道:"贼势凶勇,杀进房来,我就躲在床下,战兢兢的留心向灯火处看得明白。你说是谁?点火的是唐僧,持刀的是猪八戒,搬金银的是沙和尚,打死你老子的是孙行者。"二子听言,认了真实道:"母亲既然看得明白,必定是了。他四人在我家住了半月,将我家门户墙垣,窗棂巷道,俱看熟了,财动人心,所以乘此雨夜,复到我家,既劫去财物,又害了父亲。此情何毒!待天明到府里递失状坐名告他。"寇栋道:"失状如何写?"寇梁道:"就依母亲之言。"写道:

"唐僧点着火,八戒叫杀人。

沙和尚劫出金银去,孙行者打死我父亲。"

…………

三藏听说是寇家劫的财物,猛然吃了一惊,慌忙站起道:"悟空,寇老员外十分好善,如何招此灾厄?"行者笑道:"只为送我们起身,那等彩帐花幢,盛张鼓乐,惊动了人眼目,所以这伙光棍就去下手他家。今又幸遇着我们,夺下他这许多金帛服饰。"三藏道:"我们扰他半月,感

---

① 花扑扑:指隆重、铺张、消耗许多财物。

激厚恩，无以为报，不如将此财物护送他家，却不是一件好事？"行者依言，即与八戒、沙僧，去山凹里取将那些赃物收拾了，驮在马上。又教八戒挑了一担金银，沙僧挑着自己行李。行者欲将这伙强盗一棍尽情打死，又恐唐僧怪他伤人性命，只得将身一抖，收上毫毛。那伙贼松了手脚，爬起来，一个个落草逃生而去。这唐僧转步回身，将财物送还员外。这一去，却似飞蛾投火，反受其殃。有诗为证。诗曰：

恩将恩报人间少，反把恩慈变作仇。

下水救人终有失，三思行事却无忧。

三藏师徒们将着金银服饰拿转，正行处，忽见那枪刀簇簇而来。三藏大惊道："徒弟，你看那兵器簇拥相临，是甚好歹？"八戒道："祸来了，祸来了！这是那放去的强盗，他取了兵器，又伙了些人，转过路来与我们斗杀也！"沙僧道："二哥，那来的不是贼势。——大哥，你仔细观之。"行者悄悄的向沙僧道："师父的灾星又到了，此必是官兵捕贼之意。"说不了，众兵卒至边前，撒开个圈子阵，把他师徒围住道："好和尚！打劫了人家东西，还在这里摇摆哩！"一拥上前，先把唐僧抓下马来，用绳捆了；又把行者三人，也一齐捆了；穿上杠子，两个抬一个，赶着马，夺了担，径转府城。

扩展阅读：

寇员外一心向善，许斋万僧，加上唐僧师徒四人便可获得圆满。但万僧之事毕后并没有得到上天的佑护，反而因为露财被歹匪在雨夜洗劫。唐僧师徒四人呢？他们虽受到寇家礼遇，却也在后来被平白污蔑，真可谓因果前定，难言祸福。其实在职场中，顺、逆境的迅速转化也是很常见的，然而面对种种难测的境况，我们并非无计可施，只要掌握一定的方法论便可应对。

"祸"中审时度势，不失信心

人生的航程不会永远风平浪静、毫无波澜，我们会遇到各种困境，不仅包括客观层面上的不顺利，甚至会遭遇主观层面上的认知阻碍。对于险境，我们需要保持信心与乐观状态，并且在所谓逆境中寻求转机与突破点，化解危机，变不利为有利。正如马克思的辩证法观点所言，"发展是前进性和曲折性的统一"，我们在危机窘境中要不轻易放弃，不自暴自弃，相信"车到山前必有路，船到桥头自然直"。这样当我们终于跃过这些泥淖和小道，再回头去看来时的风景，相信一定会发现那些"过去了的，就会成为亲切的怀恋"。

"福"中亦不自满，把握机遇

成功与顺境自然是舒适和值得追求的，但也蕴含着潜在的危机，可能会让我们沉迷安逸，放松警惕，落入认识的盲区，陷入骄傲自满的状态，从而没有办法更好地前进。正如《西游记》中唐僧师徒四人的经历，他们虽在寇家受到了热情的礼遇，享受着难得的安宁与尊重，但这份顺境却也在后来化为了突如其来的污蔑与困境。这一转折，深刻地揭示了顺境中的潜在风险——它可能让我们在不知不觉中丧失了警觉，忽略了周遭的变化，以致当风暴来临时，措手不及，难以应对。歌德在其不朽之作《浮士德》中，通过主人公浮士德的形象，向我们展示了如何在顺境中保持清醒与追求的真谛。浮士德并未满足于一时的欢乐与安逸，而是永远怀揣着对未知的探索与渴望，不懈地追求着更高的境界。正是这种永不满足、永远向前的精神，让他在人生的旅途中不断超越自我，最终在灵魂的试炼中获得了上帝的救赎，避免了将灵魂交付给魔鬼梅菲斯特的悲惨命运。

因此，在顺境之中，我们一方面应当充分利用当下的机遇与有利条件，把握每一个成长与提升的机会；另一方面，更要时刻保持一颗谦卑的心，拥有"生于忧患，死于安乐"的深刻自觉。我们应当培养危机意识，时刻警惕潜在的风险与挑战，想象可能遇到的最坏结果，并据此制订出最为周全的准备与应对方案。唯有如此，我们才能在顺境中稳步前行，不断攀登人生的新高峰，而不至于在安逸的温床中迷失自我，最终跌入失败的深渊。

🌀 认清自我，稳定内核

古代的晏婴出使楚国时，面对楚王的刁难侮辱，他始终保持沉着冷静，并用智慧和言辞化解了危机，这就展现了内核稳定的重要性。没有永远的顺境，也没有永远的逆境。两种状态都是人生常态，也是职场中无法避免的，但关键在于我们如何去对待，如何分析利弊做出最妥帖的安排。如果不能认清自我，没有一个稳定的内核，那么机遇也可能随时转变成危机，而挫折也会成为自我发展中无法逾越的绊脚石。

虽然唐僧师徒四人在地灵县中的经历跌宕起伏，但他们还是共同渡过了难关，由此又为取得真经铺好了另一块坚实的砖。而纵观历史的长河，我们不难发现，不论外在因素如何变化，始终能让自己立于不败之地的人，都是拥有足够稳定且坚韧内核的人，也正是他们在不断实现着自己的人生价值，采撷那生命中最宝贵的花朵与精华。

终身成长：职场"取经路"，从未结束

❧

　　在终身学习、终身成长的学习型社会中，没有永恒不变的金科玉律，只有不断积极主动调整自我，才能适应变动不居的时代。庄子有言："吾生也有涯，而知也无涯"。如果故步自封，毫不思变，满足于一时一地的小小成就，那我们会很容易被时代所淘汰和抛弃。先来看看唐僧师徒四人行即将取得经书时的遭遇：

　　　　菩萨将难簿目过一遍，急传声道："佛门中九九归真。圣僧受过八十难，还少一难，不得完成此数。"即令揭谛："赶上金刚，还生一难者。"这揭谛得令，飞云一驾向东来。一昼夜赶上八大金刚，附耳低言道："如此如此，……谨遵菩萨法旨，不得违误。"八金刚闻得此言，刷的把风按下，将他四众连马与经，坠落下地。噫！正是那：

　　　　九九归真道行难，坚持笃志立玄关。

　　　　必须苦炼邪魔退，定要修持正法还。

　　　　莫把经章当容易，圣僧难过许多般。

　　　　古来妙合《参同契》，毫发差殊不结丹。

　　　　三藏脚踏了凡地，自觉心惊。八戒呵呵大笑道："好！好！好！这正是要快得迟。"沙僧道："好！好！好！因是我们走快了些儿，教我们在此歇歇哩。"大圣道："俗语云：'十日滩头坐，一日行九滩。'"三藏道："你三个且休斗嘴。认认方向，看这是甚么地方。"沙僧转头四望道："是这里！是这里！师父，你听听水响。"行者道："水响想是你的祖家了。"八戒道："他祖家乃流沙河。"沙僧道："不是，不是。此通天河也。"三藏道："徒弟呵，仔细看在那岸？"行者纵身跳起，用手搭凉篷，仔细看了，下来道："师父，此是通天河西岸。"三藏道："我记起来了。东岸边原有个陈家庄。那年到此，亏你救了他儿女，深感我们，要造船相送，幸白鼋伏渡。我记得西岸上四无人烟，这番如何是好？"八戒道："只说凡人会作弊，原来这佛面前的金刚也会作弊。他奉佛旨，教送我们东回，怎么到此半路上就丢下我们？如今岂不进退两难！怎生过去！"沙僧道："二哥休报怨，我们师父已得了道。前在凌云渡已脱了凡胎，今番断不落水。教师兄同你我都作起摄法，把师父驾过去也。"行者欷欷的暗笑道："驾不去！驾不去！"你看他怎么就说个驾不去？若肯使出神通，说破飞升之奥妙，师徒们就一千个河也过去了，只因心里明白，知道唐僧九九之数未完，还该有一难，故稽留于此。

　　⋯⋯⋯⋯⋯

　　老鼋驮着他们，蹿波踏浪，行经多半日，将次天晚，好近东岸，忽然问曰："老师父，我向年曾央到西方见我佛如来，与我问声归着之事，还有多少年寿，果曾问否？"原来那长老自到西天玉真观沐浴，凌云渡脱胎，步上灵山，专心拜佛及参诸佛菩萨圣僧等众，意念只在取经，他事一毫不理，所以不曾问得老鼋年寿，无言可答，却又不敢欺打诳语，沉吟半晌，不曾答应。老鼋即知不曾替问，他就将身一幌，唿喇的淬下水去，把他四众连马并经，通皆落水。噫！还喜得唐僧脱了胎，成了道，若似前番，已经沉底。又幸白马是龙，八戒、沙僧会水，行者笑巍巍显大神通，把唐僧扶驾出水，登彼东岸。只是经包、衣服、鞍辔俱尽湿了。

　　师徒方登岸整理，忽又一阵狂风，天色昏暗，雷闪并作，走石飞沙。

············

时已深夜。三藏守定真经，不敢暂离，就于楼下打坐看守。将及三更，三藏悄悄的叫道："悟空，这里人家，识得我们道成事完了。自古道：'真人不露相，露相不真人。'恐为久淹，失了大事。"行者道："师父说得有理。我们趁此深夜，人皆熟睡，寂寂的去了罢。"八戒却也知觉，沙僧尽自分明，白马也能会意。遂此起了身，轻轻的抬上驮垛①，挑着担，从庑廊驮出。到于山门，只见门上有锁。行者又使个解锁法，开了二门、大门，找路望东而去。只听得半空中有八大金刚叫道："逃走的，跟我来！"那长老闻得香风荡荡，起在空中。这正是：丹成识得本来面，体健如如拜主人。

扩展阅读：

到书中九十九回，取经已近大功告成。有意思的是，师徒四人取得经书以后尚且还有一难，这似乎不仅象征着取经本身的未完成，还提醒众人拿到经书后也不应该长期停留在安逸中不思进取。同样，当唐三藏把经书交给唐太宗后，是否就意味着取经到此为止？答案似乎并非如此，西行仅仅代表着人生某个阶段的经历，而不是人生的全部。得到真经以后，眼前依旧是漫长的旅途，还需要我们在获得真经后，以新的自我去迎接新的生活面貌。

当下与未来的辩证法

唐僧师徒四人在取经路上历经"九九八十一难"，每一次挑战既是试炼也是成长。面对那些突如其来的困境与诱惑，他们从未轻言放弃，而是凭借着坚定的信念、彼此间的深厚情谊，以及对取经大业的执着，一次次化险为夷，最终成功取得真经，修成正果。

在人生的旅途中，我们同样会遇到"九九八十一难"。这些困难与挑战，或许

---

① 驮垛：用来驮运的捆扎成垛的货物或行李。

源自外界的复杂多变，或许源自内心的挣扎与迷茫。但正是这些经历，塑造了我们的坚韧和毅力，让我们学会了在逆境中寻找希望，在挫败中汲取力量。正如唐僧师徒四人在取经路上不断精进，我们也应在人生的每一个阶段，保持一颗学习的心，勇于面对挑战，敢于突破自我。每一次跌倒后的重新站起，每一次困惑后的豁然开朗，都是我们向更高境界前行的坚实步伐。

只有认真对待当下的每件事，珍惜每个机会，才能为未来积累经验和资源；未来是我们心之所向，对当下的发展起到引领作用，现在的努力和决策，可以影响并塑造未来。

职场生涯中，也应把握好当下与未来的辩证关系。在当下朝着未来进发，在对于未来的期待与憧憬中扎实把握当下。

🌸 终身成长意识

初入职场时我们所掌握的知识技能，会在技术日新月异和行业快速转型的浪潮中迅速变得陈旧过时。在这个快速变化的时代，如果不能秉持终身成长的理念，持续学习新的知识，如数据分析、自动化流程等新兴技能，就很容易在职业道路上落伍，被时代所淘汰。

然而，终身成长不仅仅意味着我们要不断更新自己的知识体系，更在于个人综合素质的全面提升。这包括思维能力、人际交往能力、情绪管理能力等多个方面。这些能力的提升，不仅能够帮助我们更好地应对工作中的挑战，还能让我们在生活中更加游刃有余，实现个人价值的最大化。

但实现终身成长并非易事，它需要我们克服重重障碍。其中，惰性便是我们面临的最大挑战之一。安逸的生活状态往往容易让人安于现状，失去继续探索和学习的动力。此外，职场中也充满了诸多不确定性和失败的风险，每一次尝试都伴随着失败的可能。这就要求我们不仅要具备足够的勇气去面对挑战，还要拥有坚韧不拔的毅力，在失败中汲取教训，不断前行。

正如唐僧师徒四人在取经路上不断克服艰难险阻，最终取得真经一样。我们也应在职场的道路上，秉持终身成长的信念，不断突破自我，迎接新的挑战与机遇。

永不满足，永不懈怠

唐僧师徒四人在取经路上历经"九九八十一难"，每一步都充满了艰辛与挑战。正如一个马拉松选手要想在赛场上取得优异的成绩，也需要日复一日地坚持长跑训练。在这个过程中，疲惫感如影随形，伤病时常袭来，但真正的冠军，是那些从不懈怠、永远追求超越自我极限的人。他们懂得，每一次的坚持与努力都是通往成功之巅的坚实步伐。

在职场的道路上，我们同样需要保持这种永不满足、永不懈怠的精神。孙中山先生曾说："吾志所向，一往无前，愈挫愈奋，再接再厉。"这句话不仅是对革命者坚定信念的写照，更是对职场人不断追求进步、勇于面对挑战的生动诠释。

在职场上，我们会面临各种的困难与挑战。但只要我们始终保持一颗勇往直前的心，不畏艰难，不惧挫折，就能在逆境中不断成长，最终实现个人价值的最大化。

因此，让我们将"勇往直前，面对挫折不放弃，持续努力不懈怠"作为自己的座右铭，以此激励自己在职场的道路上不断前行。持续追求更高的目标，不断挑战自我，勇往直前。